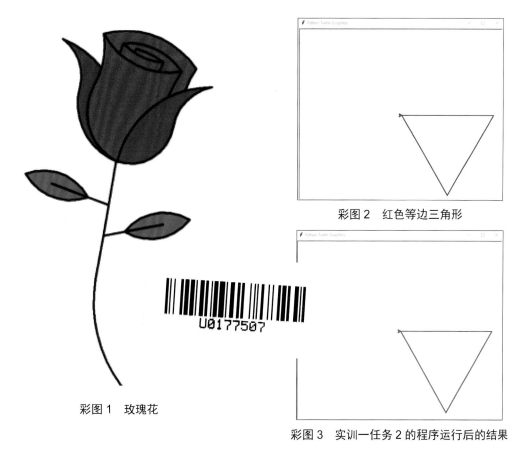

彩图 2　红色等边三角形

彩图 3　实训一任务 2 的程序运行后的结果

彩图 1　玫瑰花

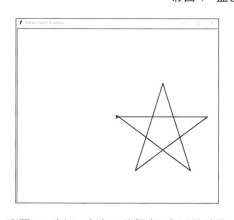

彩图 4　蓝色五角星和三十五角星

彩图 5　实训二任务 1 的程序运行后的结果

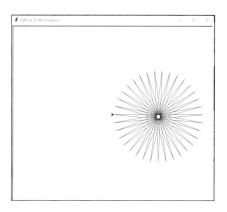

彩图 6　实训二任务 3 的程序运行后的结果

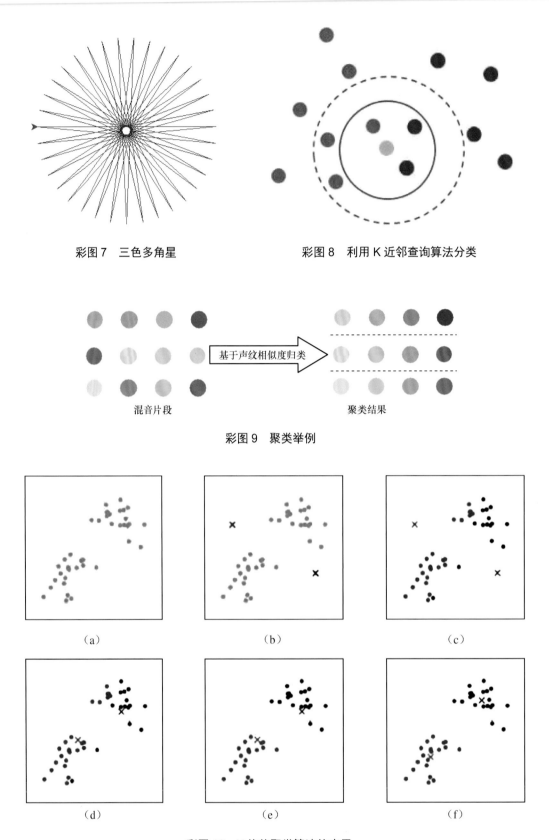

彩图 7　三色多角星

彩图 8　利用 K 近邻查询算法分类

基于声纹相似度归类

混音片段

聚类结果

彩图 9　聚类举例

（a）　　　　　　　　（b）　　　　　　　　（c）

（d）　　　　　　　　（e）　　　　　　　　（f）

彩图 10　K 均值聚类算法的应用

高等学校应用型特色规划教材

人工智能基础教程

张 红 卞 克 ◎ 主 编

王建华 郑晓霞 杨东岳 何姣阳 焦 建 ◎ 副主编

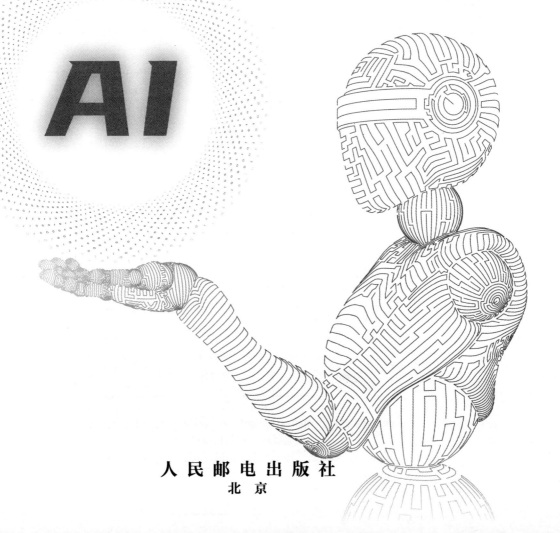

人民邮电出版社

北 京

图书在版编目（CIP）数据

人工智能基础教程 / 张红，卞克主编. -- 北京：
人民邮电出版社，2023.10
高等学校应用型特色规划教材
ISBN 978-7-115-62273-0

Ⅰ. ①人… Ⅱ. ①张… ②卞… Ⅲ. ①人工智能－高
等学校－教材 Ⅳ. ①TP18

中国国家版本馆CIP数据核字(2023)第124516号

内 容 提 要

本书由 5 个项目组成，内容包括人工智能概述、新一代信息技术的应用、人工智能之自动识别技术、人
智能之 Python 语言、人工智能之机器学习。本书系统阐述人工智能的基本原理、实现技术及应用，全面地反
国内外人工智能研究领域的进展和发展方向。

本书作为国家职业教育改革实施方案中倡导使用的新型活页式教材，既可作为人工智能、信息处理、电
自动化等相关专业的教材，也可作为从事计算机科学研究及开发、应用的教学和科研人员的参考书。

◆ 主　　编　张 红　卞 克
　　副主编　王建华　郑晓霞　杨东岳　何姣阳　焦　建
　　责任编辑　王梓灵
　　责任印制　马振武
◆ 人民邮电出版社出版发行　　北京市丰台区成寿寺路 11 号
　　邮编　100164　　电子邮件　315@ptpress.com.cn
　　网址　https://www.ptpress.com.cn
　　涿州市京南印刷厂印刷
◆ 开本：775×1092　1/16　　　　彩插：1
　　印张：12.25　　　　　　　　2023 年 10 月第 1 版
　　字数：220 千字　　　　　　　2023 年 10 月河北第 1 次印刷

定价：64.80 元

读者服务热线：(010) 81055493　印装质量热线：(010) 81055316
反盗版热线：(010) 81055315
广告经营许可证：京东市监广登字 20170147 号

前言 FOREWORD

人工智能是研究理解和模拟人类智能、智能行为及其规律的一门学科。2017 年 7 月国务院发布的《新一代人工智能发展规划》指出，要把握世界人工智能发展趋势，加快培养聚集人工智能高端人才。2018 年 4 月，教育部印发了《高等学校人工智能创新行动计划》，旨在引导高校瞄准世界科技前沿，强化基础研究，实现前瞻性基础研究和引领性原创成果的重大突破，进一步提升高校人工智能领域科技创新、人才培养和服务国家需求的能力。

高职教育的重要任务是培养高素质的应用技能型人才。随着"双高计划"的提出，如何将人工智能融入课堂教学，使传统意义上的"师–生教学模式"向"机–师–生教学模式"转变，是职业院校人工智能课程面临的新问题。本书紧跟人工智能行业的发展趋势，渗透并融合人工智能相关专业的人才培养方案和培养要求，聚焦核心素养，体现育人目标，让学生在轻松的学习中了解人工智能、理解人工智能。

本书的编写理念先进、重在应用，尝试从人才培养模式、课堂教学方法、实训内容创新等方面促进高职院校教学质量的完善与提升。本书由 5 个项目组成。

项目一是人工智能概述，主要讲述了人工智能的概念、发展历程，阐明了人工智能的研究内容与应用。

项目二是新一代信息技术的应用，通过理论和案例的形式展示了虚拟现实技术的特征、物联网的概念与关键技术、云计算的概念、大数据的概念与数据类型、5G 技术以及区块链的概念与应用。

项目三是人工智能之自动识别技术，主要讲述了自动识别技术的定义、原理、发展、分类。

项目四是人工智能之 Python 语言，讲述了 Python 软件的安装与配置，Python 语言程序的基本语法；结合实际案例讲述了 Python 语言程序的编写。

项目五是人工智能之机器学习，主要讲述了机器学习的定义、常见算法和应用。

本书在编写过程中参考了许多较新的国内外同类书和其他文献，力图保持新颖性和实用性。

本书提供丰富的教学案例，推动了产教融合实践，提升了人才培养效果。本书采用创新的教学模式，将传统文化、积极探究、严谨分析、实事求是的学习态度和职业道德等"课程思政"元素嵌入教材内容，多措并举培养学生的岗位职业应用能力。《职业教育专业目录（2021 年）》共设置高等职业教育专科专业 19 个大类、97 个专业类、744 个专业。学校在各专业的教学实施过程中可根据人才培养需求选择学习项目。

本书在形式和内容上都进行了创新。一是在形式上的创新。本书将"项目化"与"活页"相结合，将"课前自学""课中实训""课后提升""课后练习"进行有机衔接，既突出了"项目化"的专业性，又突出了"活页"的灵活性。二是在内容上的创新。本书深入浅出地讲解新一代信息技术的应用以及人工智能之自动识别技术、Python 语言、机器学习等知识，在保证完整呈现基础内容的同时，提升了内容的高度。

本书由张红、卞克任主编，由王建华、郑晓霞、杨东岳、何姣阳、焦建任副主编。卢红梅、王伟涛、祝谨惠、石朝晖、张铁军参加了本书的编写工作。本书在编写过程中参考了国内外同类书及相关文献的精华，在此谨向这些书和文献的作者表示感谢，也向为我们提供宝贵经验和建议的省内职业院校的同行表示感谢。由于编者经验有限，撰写时间仓促，书中难免有不足之处，恳请广大读者批评指正，在此深表谢意！

为了便于学习和使用，我们提供了本书的配套资源。读者可以扫描并关注下方的"信通社区"二维码，回复数字 62273，即可获得配套资源。

"信通社区"二维码

编者

2023 年 5 月

目录 CONTENTS

人工智能概述

人工智能（AI）是一门研究和开发用于模拟、延伸人的智能的理论、技术及应用的科学。该领域的研究包括语言识别、图像识别、自然语言处理和专家系统等。

本项目主要内容包括人工智能的概念、特征、发展历程、研究目标和发展趋势等。其中实训任务立足促进学生形成复合型思维和创新发展理念，将人工智能技术与职业素养教育"术道融合"，强调"问题求解、知识植入、以练促教"，结合沉浸式案例，凝练学生精益求精的工匠精神，培养科技兴国的民族使命感，提高理论联系实际的能力。

项目要求

- **知识目标**

了解人工智能的基本概念、分类；熟悉人工智能的发展历程、研究内容；掌握人工智能的应用及发展趋势。

- **技能目标**

拓展知识面，运用搜索引擎，熟悉人工智能技术在各领域的应用；探讨未来人工智能在各领域中的应用前景，学会用人工智能思维解决实际问题的方法。

- **素质教育目标**

紧跟科学发展前沿，结合社会热点、实时话题、时政要闻、身边事件，培养工匠精神、探究精神、实事求是精神；了解人工智能的发展历史，传承优秀历史文化，树立文化自信、制度自信，培养绿色发展理念，树立社会主义核心价值观。

课前自学

思维导图

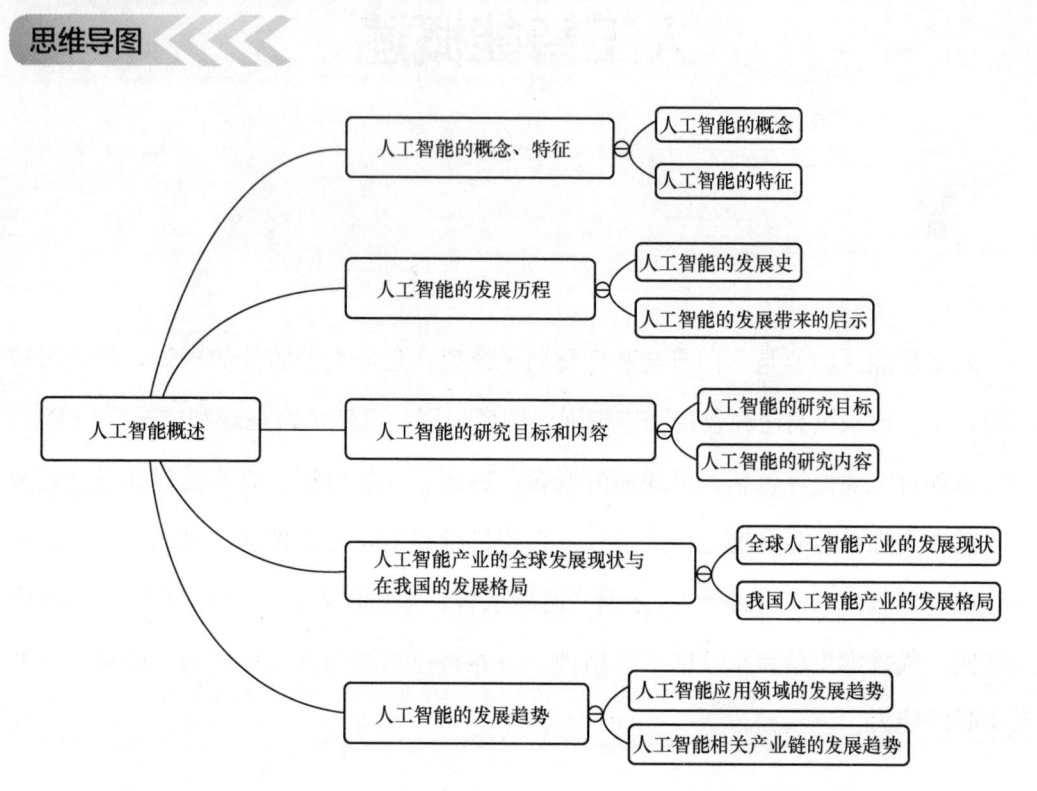

● **知识衔接**

利用互联网搜索引擎，了解人工智能的概念、分支领域和应用等内容；沉浸式体验人工智能在衣、食、住、行等方面的应用场景，感受人工智能技术给生活带来的巨大变化；运用智能化工具构建知识体系，培养主动学习、自主探究、归纳思考与展示自我的能力。

● **准备素材**

学生按五六人分为一组，进行人工智能概念的头脑风暴，说出自己理解的人工智能概念，并就"在人工智能时代，学生应该具备怎样的能力，才能适应社会需求，在竞争中立于不败之地？"问题展开小组讨论，使用 PPT 对生活中人工智能的应用场景进行展示。

● **案例展示**

学生分组准备素材。老师邀请计算机社团的学生担任课程助教，演示 3D 打印、人机象棋等项目的实训效果，提升学生学习过程的体验感、实践性和整体性，帮助学生更好地理解内容，培养学生自主探索的兴趣。

任务 1.1　人工智能的概念、特征

人工智能是当前社会最热门的话题之一，也是 21 世纪引领世界未来科技领域发展和生活方式转变的新风向标。人工智能技术的应用体现在网上购物的个人化推荐系统、人脸识别门禁、人工智能医疗影像、人工智能导航系统、人工智能写作助手、人工智能语音助手等方面。只有了解人工智能的概念、认识人工智能的特点，我们才能随时随地享受人工智能带来的便利。

1.1.1　人工智能的概念

1. 人工智能的定义

人工智能是指研究并开发用于模拟、延伸和扩展人的智能的理论、技术及应用，主要涉及智能芯片及传感器，操作系统和基础软件，计算机视觉、语音识别、自然语言处理、生物特征识别、新型人机交互、自主决策控制等核心算法，以及相应的细分行业应用与系统集成等。

2. 人工智能的起源

（1）图灵测试

在测试者与被测试者（一个人和一台机器）隔开的情况下，通过一些装置（如键盘）向被测试者随意提问。进行多次测试（一般为 5min 之内），如果超过 30% 的测试者不能确定被测试者是人还是机器，那么这台机器就通过了测试，并被认为具有人类智能。由此，图灵又被称为"计算机科学之父""人工智能之父"，如图 1.1 所示。后来为了纪念图灵的贡献，美国计算机协会设立图灵奖。该奖用于表彰在计算机科学中具有突出贡献的人，被誉为"计算机界的诺贝尔奖"。

图 1.1　计算机科学之父——图灵

（2）达特茅斯会议

1956 年 8 月，在美国达特茅斯学院中，约翰·麦卡锡、马文·闵斯基、克劳德·香农、艾伦·纽厄尔、赫伯特·西蒙等科学家聚在一起，讨论用机器来模仿人类学习，提出了人工智能的概念。其中，约翰·麦卡锡是"人工智能"概念的提出者，克劳德·香农是信息论的创始人，赫伯特·西蒙获得第十届诺贝尔经济学奖，马文·闵斯基是第一位获得图灵奖（1969 年）的人工智能学者并对人工神经网络理论的发展有重大的影响，艾伦·纽厄尔是 1975 年图灵奖获得者。阿瑟·萨缪尔由于提出"机器学习"的概念而被称为机器学习之父。

3．人工智能的主要学术流派

在人工智能的发展过程中，不同时代、学科背景的人对智慧的理解及其实现方法有不同的思想主张，并由此衍生了不同的学派。影响较大的人工智能学派及其代表方法如图 1.2 所示。

人工智能学派	主要思想	代表方法
符号主义	主张将智能形式化为符号、知识、规则和算法，并用计算机实现符号、知识、规则、算法的表征和计算，从而用计算机来模拟人的智能行为	专家系统、知识图谱、决策树等
连接主义	认为人工智能源于仿生学。神经网络，特别是对人脑模型的研究，主张模仿人类的神经元，用神经网络的连接机制实现人工智能	神经网络、支持向量机（SVM）等
行为主义	认为智能取决于对外界复杂环境的适应，而不是表示和推理。只要机器具有和智能生物相同的表现，那它就是智能的	强化学习等

图 1.2　影响较大的人工智能学派及其代表方法

符号主义学派认为人工智能基于数理逻辑，通过计算机的符号操作模拟人类的认知过程，从而建立基于知识的人工智能系统。1997年5月，名为"深蓝"的IBM超级计算机打败了国际象棋世界冠军卡斯帕罗夫。这一事件在当时轰动世界，其实"深蓝"就是符号主义在博弈领域的成果。

连接主义学派认为人工智能基于仿生学，特别是人脑模型的研究，通过神经网络及网络间的连接机制和学习算法，建立基于人脑的人工智能系统。1989年，反向传播和神经网络被用于识别银行手写支票上的数字，首次实现了神经网络的商业化应用。

行为主义学派认为智能取决于感知和行动，智能体与外界环境的交互和适应，建立了基于"感知–行为"的人工智能系统。这一学派的代表作是六足行走机器人，它被看作新一代的"控制论动物"，是一个基于"感知–行为"模式模拟昆虫行为的控制系统。

以上三大学派分别从思维、脑、行为方面对人工智能进行研究，目标都是创造出一个可以像人一样具有智慧、能够自适应环境的智能体。基于以上特点，人工智能的定义其实非常广泛，它在交叉发展的过程中逐渐融合成一个完整的科学体系。

1.1.2　人工智能的特征

基于人工智能的"赋能"特性，在新产业、新业态、新商业模式经济建设的大背景下，许多企业对人工智能的需求逐渐升温。人工智能逐渐展现出从单向的产品供应向各领域深度双向共建的特征发展，从而带动相关产业发展，并呈现以下特征。

1. 呈现跨界融合的复杂特征

人工智能是一门交叉科学，涉及计算机科学、数学、心理学、自动控制、神经科学等学科，如图1.3所示。人工智能呈现跨学科、跨领域、跨界融合的复杂特征。

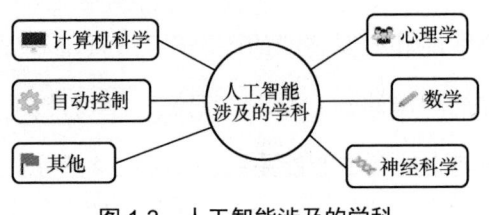

图1.3　人工智能涉及的学科

新一代人工智能技术正在引发链式突破，推动经济社会从数字化、网络化向智能化加速跃进。小到手机中的 Siri、语音搜索、人脸识别等，大到无人驾驶汽车、航空卫星，人工智能对产业的融合与渗透，促进了现代社会新兴产业之间、新兴产业与传统产业之间以及技术与社会多领域的跨界融合发展。这种融合现状将改变我国传统产业模式，打破服务业态壁垒，促进传统产业在全产业链上的融合，促进新业态和新服务模式持续涌现，对加速重构现代化产业体系至关重要。

2. 呈现自主智能系统的特征

自主智能系统是一种人工系统，它不需要人为干预，利用先进智能技术实现各种操作与管理。典型的自主智能系统包括陆海空天自主无人载运操作平台、复杂无人生产加工系统、无人化平台等，例如无人车、无人机、轨道交通自动驾驶、空间机器人、海洋机器人、极地机器人、服务机器人、无人车间/智能工厂和智能控制装备与系统等。自主智能系统可以根据环境条件的变化摆脱人类的框架式控制，自主产生新的逻辑。各种具有自主能力的智能装置与系统可以是有形的，如深海勘探机器人（海洋机器人）、轨道交通自动驾驶；也可以是无形的，如具有搜索和收集信息能力并进行自我决策的智能医学影像处理软件。自主智能无人系统是人工智能研究的最终目标，对自主智能无人系统的研究为人类提供了一条通往人工通用智能的道路。

近年来，我国政府大力倡导创新创业，自主创新。自主智能系统就是这场创新革命的主力军。无人机快递、无人机监控、无人机急救等各种自主智能系统如雨后春笋般不断涌现。在这些系统出现的同时，一批批关键技术得到突破，我国拥有了大量的独立知识产权，在国际科技经济竞争中更具有优势。新一代人工智能技术正在引发链式突破，推动经济社会从数字化、网络化向智能化加速跃进。

3. 呈现混合智能的新特征

混合智能是以生物智能和机器智能的深度融合为目标，通过连接通道，建立兼具生物（人类）智能体的环境感知、推理、记忆、学习能力，机器智能体的信息搜索、计算、优化、存储能力的新型智能系统，如图 1.4 所示。

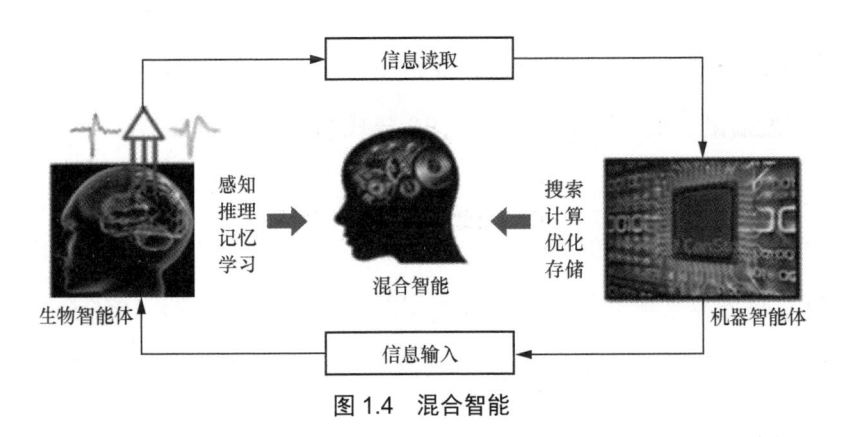

图 1.4 混合智能

混合智能时代的技术融合路线如下。

- 算力的提升推动了人工智能技术——深度学习的高速发展，深度学习的发展又被融合到了生物科技、自动驾驶、协作机器人技术。

- 电池蓄能的提升和成本的降低推动了电动车的发展，电动车的发展又提升了人们对自动驾驶的需求，从而提升对算力和深度学习的需求。

人机协同的混合增强智能是新一代人工智能的典型特征。以百度、英伟达为代表的人工智能公司，以药明康德、莫德纳为代表的生物医药公司，以大疆、SpaceX为代表的航天航空公司，它们的混合智能商业化落地产品已经成为新时代核心科技股投资标的。在混合智能时代，人工智能技术将作为基础设施引领企业发展，更多混合智能技术有望在未来 5~10 年集中爆发。

任务 1.2　人工智能的发展历程

人工智能是近年来被广泛使用的术语，但人工智能的起源可以追溯到 20 世纪中叶，当时研究人员和计算机科学家开始探索创造能够像人类一样思考和学习的机器。

1.2.1　人工智能的发展史

人工智能经历了 60 多年的发展历程，一直是计算机技术研究的前沿阵地，相关研究成果的突破在很大程度上将决定计算机技术未来的发展方向。

1．起步发展期：1956 年—20 世纪 60 年代初

1956 年夏季，马文·闵斯基与约翰·麦卡锡等人在达特茅斯会议上达成普遍共识：人工智能具有造福人类的巨大潜力。他们得出了一个"机器智能可能产生影响的研究领域"总体框架，并提出了"人工智能"的概念。因此，1956 年被称为人工智能元年。人工智能的概念被提出后，取得了一批令人瞩目的研究成果，如机器定理证明、跳棋程序等，掀起人工智能发展的第一个高潮。

1957 年，罗森布拉特发明感知机模型，该模型是机器学习神经网络理论中神经元的最早模型。即使现在学习深度学习理论时，为了理解神经元的概念，我们还会把感知机模型与现在的神经元模型比较，以加深对神经网络基本单元的理解。由于神经网络理论的突破，人工智能领域受到极大的关注，政府机构投入大笔资金建立了许多相关的项目。

1960 年，维德罗首次将 Delta 学习规则用于感知机的训练，这两者的结合创造了一个效果良好的线性分类器。

2．反思发展期：20 世纪 60 年代初—20 世纪 70 年代初

人们对现在常用的谷歌助手和苹果的 Siri 非常熟悉。早在 20 世纪 60 年代，麻省理工学院的一名研究人员就发明了一个名为 Eliza 的计算机心理治疗师，Eliza 可以实现与用户的"智能"对话。语音助手可以识别用户的语言，并进行简单的系统操作，使人工智能具有"说话"和"交流"的能力。

1967 年，K 近邻（KNN）查询算法出现，由此计算机可以进行简单的模式识别。

1969 年，马文·闵斯基出版了《感知机》，该书提出了神经网络的局限性。由于人工智能的研究领域出现了瓶颈，人工智能项目的研究者无法兑现承诺，人们对人工智能的乐观期望落空，许多项目的研究被停止或者研究经费被转移到其他项目，人工智能的研究陷入低谷。

3．应用发展期：20 世纪 70 年代初—20 世纪 80 年代中

20 世纪 70 年代出现的专家系统模拟人类专家的知识和经验解决特定领域的问题，实现了人工智能从理论研究走向实际应用、从一般推理策略探讨转向运用专门知识的重大突破。专家系统在医疗、化学、地质等领域取得成功，推动人工智能走入应用发展的新高潮。

1980 年，卡内基梅隆大学为数字设备公司（DEC）设计制造出了专家系统，每年可帮助该公司节约 4000 万美元的费用。

1982 年，美国科幻作家弗诺·文奇在卡内基梅隆大学召开的美国人工智能协会年会上首次提出"技术奇异点"这一概念。

1986 年，一种重要的算法由澳大利亚计算机科学家罗斯·昆兰提出，我们称之为"决策树"，即 ID3 算法，这是另一个主流机器学习算法的突破点。决策树是一个预测模型，对数据进行分类，以达到预测的目的。

4．低迷发展期：20 世纪 80 年代中—20 世纪 90 年代中

随着人工智能应用的规模不断扩大，专家系统存在的应用领域狭窄、缺乏常识性知识、获取知识困难、推理方法单一、缺乏分布式功能、难以与现有数据库兼容等问题逐渐暴露出来。

20 世纪 90 年代初，人工智能技术成果较少，但是以神经网络、遗传算法为代表的技术得到关注。1995 年，机器学习领域中一个重要的突破——支持向量机（SVM），由瓦普尼克、科尔特斯基于大量理论和实证提出。从此机器学习的研究被分为神经网络方向和支持向量机方向。

5．稳步发展期：20 世纪 90 年代中—2010 年

网络技术特别是互联网技术的发展，加速了人工智能的创新研究，促使人工智能技术进一步走向实用化。20 世纪 90 年代中期开始，机器学习和人工神经网络的研发工作被加速推进，人工智能实现了巨大突破。

1995 年，理查德·华莱士开发了新的聊天机器人 Alice，它能够利用互联网不断增加自身的数据集，优化内容。1997 年，IBM 的超级计算机"深蓝"战胜国际象棋世界冠军卡斯帕罗夫，引起了世界的关注，如图 1.5 所示。

1998 年，得益于互联网的普及、数据的积累及计算力的提升，深度学习等人工智能实现方法开始在各领域应用。

图 1.5　卡斯帕罗夫与国际象棋计算机"深蓝"对弈现场（右为"深蓝"操作者）

2001 年，布雷曼提出集成决策树模型，它由一个随机子集的实例组成，并且每个节点都是从一系列随机子集中选择的。由于随机采样的性质，它被称为随机森林。随机森林是一种有监督的机器学习算法，其中许多决策树的计算被结合起来产生一个最终结果。随机森林之所以受欢迎是因为它简单且有效。

2004 年，美国神经科学家杰夫·霍金斯出版的《人工智能的未来》提出了全新的大脑记忆预测理论，指出依照此理论如何建造真正的智能机器，对神经科学的深入研究产生了深刻的影响。

2006 年，神经网络专家杰弗里·辛顿提出神经网络深度学习算法，使神经网络的能力大大提高，向支持向量机发出挑战，掀起了深度学习在学术界和工业界的研究与应用浪潮。同时杨立昆和吴恩达等通过卷积神经网络使神经网络能够快速训练，卷积神经网络在处理图像、视频、音频方面实现了突破。

6. 蓬勃发展期：2011 年至今

人工智能、大数据、云计算、物联网技术共同构成了 21 世纪第二个十年的技术主旋律。随着这些信息技术的发展，泛在感知数据和图形处理器等计算平台推动以深度神经网络为代表的人工智能技术飞速发展，大幅跨越了科学与应用之间的"技术鸿沟"。图像分类、语音识别、知识问答、人机博弈、无人驾驶为人工智能的发展提供了新的方向；网络技术与人工智能的融合加速了人工智能的发展，同时推动其在家居、教学等多个领域的快速普及。

2012 年，多伦多大学在基于 ImageNet 图像数据集举办的视觉识别挑战赛上设计的深度卷积神经网络算法，被业内认为是深度学习革命的开始。

2014 年，香港中文大学汤晓鸥团队公布了全新的人脸识别算法，其识别准确率高达 98.52%。

2016 年谷歌 AlphaGo 与世界围棋冠军李世石展开了一场"人机大战"，最终 AlphaGo 以 4:1 的总比分战胜了李世石，激烈的"人机大战"吸引了来自世界各地的人观看。这场比赛不仅是人工智能领域的一个重要突破，更是人类智能发展的重要里程碑。

2017 年 5 月，升级后的 AlphaGo 再次战胜了围棋第一人柯洁，引起一片哗然。AlphaGo 在围棋领域的成功是人工智能发展史上的一座丰碑。AlphaGo 有了类似人脑的功能：庞大的数据库；自我学习的能力；局面判断准确率接近 80%，甚至可以通过"左右手互搏"提高棋艺。它向世界展示了人工智能在解决复杂问题时的巨大潜力。

人工智能技术的发展历程充满了坎坷和挑战，但也取得了众多进展和成果。相信在未来，人工智能技术将继续在各个领域得到广泛应用，为人类带来更多的便利。

1.2.2　人工智能的发展带来的启示

总结人工智能发展史上的经验和教训，我们得到以下启示。

1. 尊重学科发展规律是推动学科健康发展的前提

我们应尊重科学技术发展的规律，凝练学科发展方向，优化学科结构布局，关注高校。

2. 应用需求是科技创新的不竭之源

引领学科发展的动力主要来自科学和需求的双轮驱动。我们应紧密结合数学、物理、化学、天文等基础学科关键问题，围绕药物研发、基因研究、生物育种、新材料研发等重点领域科研需求展开，布局"人工智能驱动的科学研究"前沿科技研发体系。

近年来安防监控、身份识别、无人驾驶、大数据分析等实际应用需求带动人工智能实现了技术突破。

3．学科交叉是创新突破的"捷径"

人工智能研究涵盖信息科学、脑科学、心理学等学科，智能本源、意识本质等基本科学研究的重大突破，将对人工智能的发展产生重要的推动作用。

4．乐观敬业是支持创新的重要途径

任何学科的发展都不可能一蹴而就。人工智能60多年的发展生动地诠释了一门学科从创新到应用起伏曲折的历程。我们应以积极乐观的心态应对创新中遇到的挫折，没有过去发展历程中的"寒冬"就没有今天人工智能发展的硕果。

5．实事求是增强科技创新的前提

实事求是，在实践中检验真理、发展真理，不断推进科技创新。我们应立足国家发展全局，准确把握全球人工智能发展态势，找准突破口和主攻方向，全面提升科技创新的能力。

任务1.3　人工智能的研究目标和内容

信息技术、互联网等领域的大多数主题，如搜索引擎、智能硬件、机器人、无人机和工业4.0发展的关键环节都与人工智能有关。人工智能的研究目标和内容对众多领域的发展起着重要的推动作用，具有非常重要的研究价值。

1.3.1　人工智能的研究目标

从总体上看，人工智能的研究目标包括两点：一是使机器更好地理解人类智能，通过编写程序来模仿和检验有关人类智能的理论；二是创造有用的灵巧程序，执行一般需要人类专家才能实现的任务。作为理论研究学科，人工智能的研究目标是能够描述和解释智能行为，为建立人工智能系统提供理论依据。从时间上看，人工智能的研究目标分为近期目标、远期目标和最终目标。

1．近期目标

近期目标是使计算机不仅能进行一般的数值计算及非数值信息的数据处理，而且能运用知识解决问题，模拟人类的部分智能行为。近期目标的中心任务是研究如何使计算机完成那些过去只有靠人工才能完成的工作，使人工智能总体技术和应用与世界先进水平同步、人工智能产业成为新的重要经济增长点、人工智能技术应用成为改善民生的新途径，实现全面建成小康社会的奋斗目标。

2．远期目标

远期目标是探讨智能的基本机理，研究如何利用自动机模拟人的某些思维过程和智能行为，甚至超越人类。在人工智能基础理论领域实现重大突破，部分技术与应用达到世界领先水平，人工智能成为带动我国产业升级和经济转型的主要动力，智能社会建设取得积极进展。

远期目标为近期目标指明了方向，近期目标则为远期目标奠定了理论和技术基础。

3．最终目标

最终目标是理解人类的认识，实现有效的自动化、有效的智能拓展、超人的智力、求解通用问题、连贯性交谈、学习、存储信息。人工智能理论、技术与应用总体达到世界领先水平，成为世界主要人工智能创新中心，智能经济、智能社会取得明显成效，为跻身创新型国家前列和经济强国奠定重要基础。

1.3.2　人工智能的研究内容

人工智能是研究让计算机模拟人的某些思维过程和智能行为（如学习、推理、规划等）的学科，其中主要包括研究计算机实现智能的原理，制造类似人脑智能的计算机，使计算机实现更高层次的应用。人工智能是社会发展和技术创新的产物，也是促进人类进步的重要技术形态。随着智能科学和技术的发展，计算机网络技术的广泛应用，人工智能技术被应用到越来越多的领域。人工智能的研究内容如下。

1．知识表示方法

人工智能研究的目的是建立一个能模拟人类智能行为的系统，但知识是一切智能行为的基础，因此首先要研究知识表示方法。只有这样才能把知识存储到计算机中，供求解现实问题使用。知识表示方法可分为两类：符号表示法（用包含具体含义的符号以各种不同的方式和顺序组合起来表示知识的方法）和连接机制表示法（用神经网络表示知识）。

2．机器感知

机器感知就是使机器（计算机）具有类似人的感知能力，其中以机器视觉和机器听觉为主。机器感知是机器获取外部信息的基本途径。对机器感知的研究不仅要用到认知建模中的知觉理论，而且要有能够提供相应知觉所需信息的传感器。例如，机器视觉需要具有视觉理论基础，还需要摄像头等传感器提供机器视觉所需的图像数据。

3．机器思维

机器思维是利用机器感知的信息、认知模型、知识表示和推理有目标地处理感知信息及智能系统内部的信息，从而针对特定场景给出合适的判断，制定策略。

4．机器学习

机器学习研究的就是如何让机器在与人类、自然交互的过程中自发学习新的知识，或者利用人类已有的文献数据资料进行知识学习。目前，人工智能研究和应用最广泛的内容就是机器学习，其中包括深度学习、强化学习等。

5．机器行为

机器行为主要指计算机的表达能力，即"说""写""画"等能力。智能机器人还应具有人的四肢功能，即能走路、能取物、能操作等。智能系统要想具备行为能力，离不开机器感知和机器思维的结果。思维是行为的基础，所谓知行合一。

作为当今时代最具挑战性、最具赋能特征的前沿技术，人工智能带来的科技产品，将是人类智慧的"容器"，朝着智能导学、精准推荐、情景感知、智慧管理、个性服务等人工智能新特征加速发展。

任务 1.4　人工智能产业的全球发展现状与在我国的发展格局

经过 60 多年的发展，人工智能在算法、算力（计算能力）和算料（数据）"三算"方面取得了重要突破，正处于从"不能用"到"可以用"的技术拐点，但是距离"很好用"还有诸多问题。

1.4.1　全球人工智能产业的发展现状

全球产业界充分认识到人工智能技术引领新一轮产业变革的重大意义，纷纷转型发展，抢滩布局人工智能创新生态。世界主要发达国家均把发展人工智能作为提升国家竞争力、维护国家安全的重大战略，力图在国际科技竞争中掌握主导权，人工智能领域的国际竞赛已经拉开帷幕，并且将日趋白热化。美国、中国以及欧盟纷纷布局人工智能产业。中国在人工智能方面的论文总量和高被引论文数量都排在世界第一，中国科学院系统人工智能论文产出位于全球第一；中国在人工智能方面的人才拥有量位于全球第二，但杰出人才占比偏低。随着人工智能技术的进一步成熟以及政府和产业界投入的日益增加，人工智能应用的云端化不断加速，全球人工智能产业规模在未来 10 年将进入高速增长期。

1. 中国

2016 年 7 月，在国务院印发的《"十三五"国家科技创新规划》中，我国面向 2030 年部署了一批与国家战略长远发展和人民生活紧密相关科技创新重大项目，将其统称为"科技创新 2030—重大项目"。这些重大项目与国家科技重大专项形成一个远近结合、梯次接续的系统布局。2017 年 2 月，考虑到人工智能迅速发展的态势，科学技术部在已有的 15 个"科技创新 2030—重大项目"的基础上新增"人工智能 2.0"，重点围绕新一代人工智能基础理论、面向重大需求的关键核心技术、智能芯片与系统 3 个方向展开部署。2017 年 7 月，国务院印发的《新一代人工智能发展规划》指出，我国到 2030 年要成为世界主要人工智能创新中心。而后，《新一代人工智能重大科技项目实施方案》出台，在此基础上，科学技术部分别在 2018 年、2020 年、2021 年、2022 年出台了相关项目的申报指南。其中从经费上来看，2020 年、2021 年披露的资金都在 5 亿元人民币以上；从研究的方向上来看，前期重点关注的是基础理论、关键技术、基础软硬件支撑，2020 年开始拓展到了创新应用，2022 年的投入方向进一步拓展到了与科学的深度结合。2023 年 3 月，科学技术部和国家自然科学基金委员会启动"人工智能驱动的科学研究"专项部署工作，紧密结合数学、物理、化学、天文等基础学科关键问题，围绕药物研发、基因研究、生物育种、新材料研发等重点领域科研需求展开，布局"人工智能驱动的科学研究"前沿科技研发体系。

党的二十大报告提到，"一些关键核心技术实现突破，战略性新兴产业发展壮大，载人航天、探月探火、深海深地探测、超级计算机、卫星导航、量子信息、核电技术、新能源技术、大飞机制造、生物医药等取得重大成果"。"嫦娥"揽月、"蛟龙"入海、"墨子"传信、"祝融"探火……新时代这十年，我国基础研究和原始创新不断突破，进入创新型国家行列，这对加快实现高水平科技自立自强有着非常重要的意义！

2．美国

美国自 2013 年开始发布多项人工智能研究计划，研究内容涵盖智慧城市、自动驾驶和教育等领域的应用；在 2016 年出台了《国家人工智能研究和发展战略计划》，从政策、技术、资金等多方面对人工智能的开发给予大力支持；2021 年 6 月，成立了由 12 名学术界、政界和产业界人士组成的国家人工智能研究资源工作组。

3．韩国

韩国拥有雄厚的 ICT（信息通信技术）产业根基，为其发展人工智能奠定了良好的研发与应用生态基础。2018 年 5 月，韩国第四次工业革命委员会审议并通过《人工智能研发战略》，旨在重点推动人工智能技术进步，并加快人工智能在各领域的创新发展，构建可持续的人工智能技术能力。为了加快经济和社会的创新发展，为产业注入新的活力，韩国于 2019 年 12 月公布了《国家人工智能战略》，旨在发挥自身优势，实现从"IT 强国"到"人工智能强国"的转变。根据预算，相关措施若得以实施，到 2030 年，韩国将在人工智能领域创造 455 万亿韩元的经济效益。

4．加拿大

2017 年 3 月，加拿大政府发布了《泛加拿大人工智能战略》（以下简称《战略》），计划拨款 1.25 亿加元支持人工智能研究及人才培养。《战略》还提出了增加加拿大优秀人工智能研究人员和熟练毕业生的数量，在加拿大埃德蒙顿、蒙特利尔和多伦多 3 个主要人工智能中心建立互联的科学卓越节点，在人工智能发展的经济、伦理、政策和法律意义上发展全球思想领导以及支持国家人工智能研究团体目标。此外，加拿大在全国范围内形成了数个有代表性城市的人工智能产学研用聚集中心，正是这些中心打造了加拿大人工智能发展的基本格局。

5．欧盟

2018 年 7 月，欧洲 25 个成员国（含英国）签署了《人工智能合作宣言》，在人工智能领域形成合力。从国家层面来看，文化和语言差异阻碍了大数据集合的形成，欧洲各国在人工智能产业上不具备先发优势，但欧洲国家在全球人工智能伦理体系的建设和规范的制定上抢占了"先机"。欧盟注重探讨人工智能的社会伦理和标准，在技术监管方面占据全球领先地位。

2018 年 12 月，欧盟发布了《人工智能协调计划》，提出要进一步增加资金投入，深化人工智能技术创新与应用，完善人才培养和技能培训，构建欧洲数据空间，建立人工智能伦理道德框架，促进公共部门使用人工智能技术，加强国际合作，推进欧洲人工智能的开发与应用，实现欧盟人工智能投资收益最大化；2020 年 2 月欧盟发布了《人工智能白皮书》，强调人工智能由"强监管"转向"发展和监管并重"，在促进人工智能广泛应用的同时，规范解决使用新技术产生的风险问题。

1.4.2 我国人工智能产业的发展格局

全球围绕人工智能领域的布局抢位日趋激烈，在数字经济不断推进的大背景下，人工智能发展迅速，并与多种应用场景深度融合。作为新一轮科技革命和产业变革的重要驱动力量，我国人工智能技术已在金融、医疗、安防、教育、交通、制造、零售等多个领域实现技术落地，且应用场景也愈来愈丰富。人工智能与实体经济融合在广度和深度上都得到了进一步深化，我国人工智能产业形成了特色化的发展格局。

1．市场规模：我国人工智能行业呈现高速增长态势

近年来，我国人工智能产业在政策与技术双重驱动下呈现高速增长态势。中国信息通信研究院数据研究中心测算，2020 年我国人工智能产业规模为 3031 亿元，同比增长 15.1%；经过多年的发展，我国人工智能已被广泛应用于城市管理、金融、零售等领域。中商情报网测算，2023 年我国人工智能市场规模将达到 3043 亿元。

目前我国人工智能在政府、金融、互联网、零售等领域的人机对话、远程作业、质控风控、营销运营、决策支持等诸多环节得到不同程度的应用，市场主要客户也来自上述领域。其中，政府城市管理和运营的市场份额接近 50%，成为推动我国人工智能市场规模的重要动力。

2．竞争格局：我国人工智能企业主要分布在应用层

人工智能只有赋能实体产业，自身才有不断发展的动力。中国新一代人工智能发展战略研究院于 2021 年 5 月发布的《中国新一代人工智能科技产业发展报告（2021）》显示，截至 2020 年年底，我国人工智能企业布局大部分侧重在应用层和技术层。其中，人工智能应用层企业数占比最高，已经高达 84.05%；其次是技术层企业数，占比为 13.65%；基础层企业数占比最低，占比为 2.30%。应用层企业数占比高说明我国的人工智能科技产业发展主要以应用需求为牵引。

从竞争派系来看，目前百度、阿里云、腾讯、华为、京东和科大讯飞是人工智能平台的代表性企业；小米、平安科技、苏宁、滴滴是融合产业较活跃的企业；还有技术层企业代表，商汤科技、旷视科技、云从科技和依图科技作为独角兽公司，通过与传统行业的龙头企业合作，不断深化技术应用和提升市场竞争力。

3．技术分布：我国人工智能企业核心技术主要为大数据和云计算

我国多项人工智能技术处于世界领先地位，创新创业也是日益活跃，但是整体水平与发达国家仍有较大差距。从人工智能企业核心技术分布看，大数据和云计算占比最高，共达到 41.13%；其次是硬件、机器学习和推荐、服务机器人，占比分别为 7.64%、6.81%、5.64%；物联网、工业机器人、语音识别和自然语言处理、图形图像识别技术的占比依次为 5.55%、5.47%、4.76%、4.72%。

4．细分领域：深度神经网络领域为我国人工智能研究热门

清华大学与中国工程院共同成立的"知识智能联合研究中心"联合发布《人工智能发展报告 2011—2020》，指出 2011—2020 年十大人工智能研究热点分别为深度神经网络、特征抽取、图像分类、目标检测、语义分割、表示学习、生成对抗网络、语义网络、协同过滤和机器翻译。

纵观人工智能发展的每一个阶段，我们可以发现，技术研发、重组以及应用需要较长时间的积累。技术系统越复杂，涉及的子系统越多，潜在的重组越深远，取得技术突破则越困难。人工智能作为新一轮技术进步最显著的技术创新，其涉及的子系统比任意一种传统技术创新都要广泛，也意味着其取得突破困难重重。

任务 1.5　人工智能的发展趋势

人工智能的发展对缓解未来人口老龄化压力，应对可持续发展挑战，以及促进经济结构转型升级至关重要。我国把人工智能放在国家战略层面，出台了一系列重要政策鼓励人工智能的发展。《新一代人工智能发展规划》明确指出到 2030 年我国新一代人工智能发展"三步走"的战略目标。在国家战略引领与政策支持下，我国人工智能行业正面临重要的发展机遇。

1.5.1　人工智能应用领域的发展趋势

1．人工智能将从感知智能向认知智能演进

感知智能是机器具备视觉、听觉、触觉等感知能力，将多元数据结构化，用人类熟悉的方式沟通和互动。"感知智能"向"认知智能"转化，是新一代人工智能的发展趋势。我国认知度较高的语音助手包括微软小娜、中国移动和科大讯飞联合打

造的灵犀语音助手、小米旗下的小爱语音等。以科大讯飞有限公司为例，其参加过语音合成、语音识别、机器翻译、图像识别等国际大赛，为我国拿到了 6 项世界冠军，在人工智能领域树立了技术自信和民族自信。未来人工智能将结合跨领域知识图谱、因果推理、持续学习等技术，建立稳定获取和表达知识的有效机制，让机器更好地理解和运用知识，实现从感知智能到认知智能的关键突破。

2．多智能体协同的群体智能成为可能

多智能体系统（MAS）是由多个智能体组成的集合，其目标是将大而复杂的系统建设成小而彼此互相通信协调的易于管理的系统。《2021 年政府工作报告》提出重点支持包括新型基础设施在内的"两新一重"建设。未来，5G、城际高速铁路及轨道交通、大数据中心、人工智能等新型基础设施的持续较快建设，将进一步促进人工智能行业的快速发展。多智能体协同带来的群体智能将进一步放大多智能体系统的价值：无人驾驶车利用大规模智能交通灯的动态信息，实时调度数据，实现全局路况规划；群体无人机协同将高效打通最后一公里配送。

3．保护个人隐私的政策和技术将加速落地

善用人工智能，就是抓住了驱动社会和产业发展的"智慧动能"。随着人工智能技术在金融、商业、交通、医疗等领域的广泛应用，大数据蕴含的价值被不断开发。数据的共享也带来了用户信息被贩卖，用户因隐私泄露被敲诈勒索、银行卡被盗刷等不容忽视的数据隐私安全问题。因此，需要从社会学的角度系统全面地研究人工智能对人类社会的影响，使人工智能的发展成果造福于民，完善人工智能法律法规，规避可能的风险。

隐私保护不是一个独立的问题，需要从国家政策、行业企业制度、用户个人意识等多个层面采取措施来保护。国家出台法律法规是维护市场和公民合法权益的根本保障；企业应加强自律，肩负社会责任和坚守法律底线，尽量要求所有 App 采集用户数据坚持"最少采集"原则，合理采集和利用用户数据；用户应增强个人隐私保护意识；研究人员应提高隐私保护技术，通过分析大数据环境中的漏洞，对数据溯源、数据水印、身份认证、数据匿名发布等进行研究，开发适合人工智能时代高效、安全、可靠的隐私保护技术。政府应在细化人工智能服务提供者合规免责制度、

建立健全人工智能监管平台体系等工作中贡献智慧和力量,让人工智能技术被善用,借助人工智能展现全局视角和大数据思维,以正确的方式方法激发社会和产业发展的"智慧动能"。

1.5.2　人工智能相关产业链的发展趋势

人工智能产业链包括基础层、技术层和应用层。基础层是人工智能产业的基础,为人工智能提供数据及算力支撑;技术层是人工智能产业的核心;应用层是人工智能产业的延伸,面向特定应用场景需求形成软硬件产品或解决方案。我国人工智能聚焦数字经济、先进制造、新材料、能源、交通等战略性产业,强化科研攻关,围绕产业链部署创新链,围绕创新链布局产业链,高端产业发展取得新突破,关键核心技术攻关取得一系列重大成果:国产 C919 大飞机市场化运营加速,时速 600 公里高速磁浮试验样车下线,高性能装备、智能机器人、增材制造、激光制造等技术有力推动"中国制造"迈向更高水平,5G 移动通信技术率先实现规模化应用。

1．基础层

基础层的发展趋势是人工智能芯片市场份额、大数据服务市场份额的提高。我国应建设以自主为中心的云生态,制定标准实现大数据交流共享、大数据产业信息安全。

2．技术层

技术层的发展趋势是智能人脸识别、智能语音识别、自然语言处理、语音处理、图像处理等人工智能技术相互融合。机器人设备与现有环境、流程的高效快速集成,将决定未来项目的发展速度。机器人将大规模融入人类生活和技术流程。日新月异的人工智能可感可触,我们在生产、医疗、教育等越来越多的领域中都能看到人工智能的身影。

3．应用层

应用层的发展趋势是智能制造、智能安防、智能电网、智能医疗、智能客服、智能农业市场规模均迎来持续增长。汽车零部件生产与组装、金融服务、电信等领域，物流、零售、媒体等行业都存在智能应用。人工智能将有力促进中国的经济转型和产业升级。百度"文心一言"，科大讯飞"讯飞星火认知大模型"，通过自然对话方式理解和执行用户任务，展现了人工智能更广泛的应用前景和巨大的赋能潜力。

从电商、搜索，到对话、产业场景，我国人工智能大模型正逐步落实到应用层面。未来，随着技术不断迭代更新，其应用场景将更加广泛。

我国人工智能产业应以国家战略需求为导向，集聚力量进行原创性、引领性科技攻关。

当前新一代人工智能已经融入人们的日常生活。于世界经济而言，人工智能是引领未来的战略性技术，全球主要国家及地区都把发展人工智能作为提升国家竞争力、推动国家经济增长的重大战略。于社会进步而言，人工智能技术为社会治理提供了全新的技术和思路。将人工智能运用于社会治理中，是降低治理成本、提高治理效率、减少治理干扰最有效的方式。于日常生活而言，深度学习、图像识别、语音识别等人工智能技术已经被广泛应用于智能终端、智能家居、移动支付等领域。随着元宇宙的不断加持，我们即将迎来一个可以预见的人工智能新时代！

课中实训

实训一 体验人工智能技术

姓名：＿＿＿＿＿＿＿＿＿ 学号：＿＿＿＿＿＿＿＿＿ 时间：＿＿＿＿＿＿＿

系（部）：＿＿＿＿＿＿＿ 专业：＿＿＿＿＿＿＿＿＿ 班级：＿＿＿＿＿＿＿

制作一份报告：查找与人工智能相关的基本概念和主流学派，从哲学角度思考人工智能的本质，写出不同哲学分支对人工智能研究的作用和意义；分析现实中的人工智能面临的根本问题和局限性，利用科幻影视的描述对人工智能建立正确的理解和认识。

① 查找与人工智能相关的基本概念和主流学派。

＿＿＿＿＿＿＿＿＿＿＿＿＿＿＿＿＿＿＿＿＿＿＿＿＿＿＿＿＿＿＿＿＿＿＿＿＿

＿＿＿＿＿＿＿＿＿＿＿＿＿＿＿＿＿＿＿＿＿＿＿＿＿＿＿＿＿＿＿＿＿＿＿＿＿

＿＿＿＿＿＿＿＿＿＿＿＿＿＿＿＿＿＿＿＿＿＿＿＿＿＿＿＿＿＿＿＿＿＿＿＿＿

② 分析不同哲学分支对人工智能研究的作用和意义。

＿＿＿＿＿＿＿＿＿＿＿＿＿＿＿＿＿＿＿＿＿＿＿＿＿＿＿＿＿＿＿＿＿＿＿＿＿

＿＿＿＿＿＿＿＿＿＿＿＿＿＿＿＿＿＿＿＿＿＿＿＿＿＿＿＿＿＿＿＿＿＿＿＿＿

＿＿＿＿＿＿＿＿＿＿＿＿＿＿＿＿＿＿＿＿＿＿＿＿＿＿＿＿＿＿＿＿＿＿＿＿＿

③ 分析人工智能现在面临的根本问题和局限性。

＿＿＿＿＿＿＿＿＿＿＿＿＿＿＿＿＿＿＿＿＿＿＿＿＿＿＿＿＿＿＿＿＿＿＿＿＿

＿＿＿＿＿＿＿＿＿＿＿＿＿＿＿＿＿＿＿＿＿＿＿＿＿＿＿＿＿＿＿＿＿＿＿＿＿

＿＿＿＿＿＿＿＿＿＿＿＿＿＿＿＿＿＿＿＿＿＿＿＿＿＿＿＿＿＿＿＿＿＿＿＿＿

④ 如何利用科幻影视的描述对人工智能建立正确的理解？

＿＿＿＿＿＿＿＿＿＿＿＿＿＿＿＿＿＿＿＿＿＿＿＿＿＿＿＿＿＿＿＿＿＿＿＿＿

＿＿＿＿＿＿＿＿＿＿＿＿＿＿＿＿＿＿＿＿＿＿＿＿＿＿＿＿＿＿＿＿＿＿＿＿＿

＿＿＿＿＿＿＿＿＿＿＿＿＿＿＿＿＿＿＿＿＿＿＿＿＿＿＿＿＿＿＿＿＿＿＿＿＿

实训二　分析人工智能发展图谱的构建流程

姓名：_____ 学号：_____ 时间：_____

系（部）：_____ 专业：_____ 班级：_____

根据图 1.6 所示的人工智能的发展图谱，分析该图谱的构建流程。

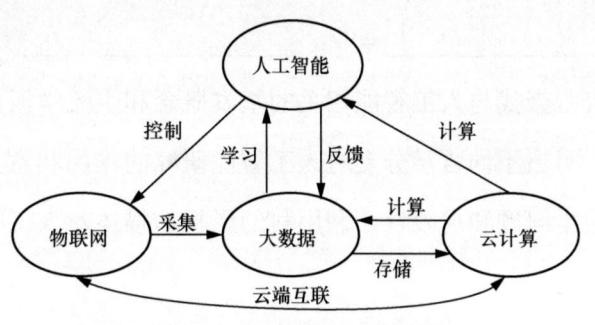

图 1.6　人工智能的发展图谱

_____

_____

_____

_____

_____

_____

_____

_____

_____

_____

_____

_____

_____

实训三 调研人工智能的应用

姓名：_____ 学号：_____ 时间：_____

系（部）：_____ 专业：_____ 班级：_____

请从以下几个方面完成人工智能应用安全策略的调研报告。

① 人工智能发展应用中的安全风险。

_____

_____

_____

_____

_____

_____

② 应对人工智能安全风险的对策建议。

_____

_____

_____

_____

_____

_____

③ 人工智能技术在网络安全防御中的应用。

_____

_____

_____

_____

_____

_____

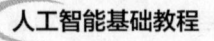

课后提升

案例一　科幻电影中的人工智能

姓名：＿＿＿＿＿＿＿＿＿　学号：＿＿＿＿＿＿＿＿＿＿＿　时间：＿＿＿＿＿＿

系（部）：＿＿＿＿＿＿＿＿　专业：＿＿＿＿＿＿＿＿＿＿　班级：＿＿＿＿＿＿

科幻电影为科技研发提供了创作灵感。移动电话之父马丁·库帕发明的第一台移动电话正是受了《星际迷航》中"通信器"的启发。家居产品中的自动门是《星际迷航》中最早实现的科技之一。在《星际迷航》中，宇宙翻译器帮助不同外星种族理解对方的语言，因此翻译器得以实现。翻译器帮助人们跨越语言的障碍，谷歌翻译可以翻译文字，而微软 Skype 已经能翻译面对面交流的语言。

请先观看一部科幻电影，再解答以下两个问题。

① 影片中哪些剧情的设想变成了现实？

_____

_____

_____

_____

_____

② 影片中哪些应用可被视为人工智能的萌芽？

_____

_____

_____

_____

_____

_____

案例二 人工智能之图像识别

姓名：_____ 学号：_____ 时间：_____

系（部）：_____ 专业：_____ 班级：_____

图像识别技术是人工智能领域中重要的组成部分，并被广泛运用于面部识别、指纹识别、医疗诊断等领域中。

设置情景游戏，将情境的创设与游戏化学习结合，有利于增强人工智能教学课堂的趣味性、个性化。实施"火灾演练"，要求学生扮演消防员在模拟灭火行动中完成救援。创设的火灾情境融合机器人小车巡线、FPV（第一人称主视角）等教学内容。老师通过氛围营造、综合竞赛及消防员的角色扮演，激发学生对人工智能课程的兴趣并提升参与感。学生将人工智能知识与实际生活联系，可以在游戏化教学环境中大胆创新，培养职业核心素养与创新能力。

游戏实施方案如下。

_____

_____

_____

_____

_____

_____

_____

_____

_____

_____

_____

_____

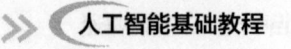

课后练习

习 题

一、单选题

1. 人工智能的起步发展期大约是（ ）。

A. 1921—1930 年 　　　　　B. 1936—1956 年

C. 1940—1950 年 　　　　　D. 1956—1960 年

2. 人工智能的目的是让机器能够（ ），以实现某些脑力劳动的机械化。

A. 具有完全的智能

B. 和人脑一样考虑问题

C. 完全代替人

D. 模拟、延伸和扩展人的智能

3. 下列关于人工智能的叙述不正确的是（ ）。

A. 人工智能技术与其他科学技术结合极大地提高了应用技术的智能化水平

B. 人工智能是科学技术发展的趋势

C. 因为人工智能的系统研究是从 20 世纪 50 年代才开始的，非常新，所以十分
重要

D. 人工智能有力地促进了社会的发展

4. 自然语言理解是人工智能的重要应用领域，下面（ ）不是自然语言要实
现的目标。

A. 理解别人讲的话 　　　　　B. 对自然语言表示的信息进行分析或编辑

C. 欣赏音乐 　　　　　　　　D. 机器翻译

5. 目前，国内建设人工智能开放平台的公司是（ ）。

A. 百度 　　　　　　　　　　B. 阿里云

C. 科大讯飞 　　　　　　　　D. 以上都是

6．人工智能起源于 20 世纪，（　　）提出的测试模型，用于区别人类智能和机器智能。

A．冯·诺依曼　　　　　　　　B．阿兰·图灵

C．爱因斯坦　　　　　　　　　D．比尔·盖茨

7．我国《新一代人工智能发展规划》明确指出，到（　　）年成为世界人工智能创新中心。

A．2020　　　　　B．2025　　　　　C．2030　　　　　D．2035

8．我们将人工智能的发展历程划分为 6 个阶段，其中 20 世纪 70 年代初至 80 年代中，处于（　　）。

A．反思发展期　　　　　　　　B．应用发展期

C．低迷发展期　　　　　　　　D．稳步发展期

9．下列不属于人工智能应用实例的是（　　）。

A．计算机对弈　　　　　　　　B．计算机听音识曲

C．自动驾驶技术　　　　　　　D．打印机打印图文

10．人工智能的近期目标在于研究机器来（　　）。

A．代替人脑　　　　　　　　　B．模仿和执行人脑的某些智力功能

C．制造智能机器　　　　　　　D．完全代替人类

二、填空题

1．_____年夏季，美国的一些科学家在_____会议上，第一次提出了_____的概念。

2．人工智能研究的基本内容有_____、_____、_____、_____和_____。

3．隐私保护不是一个独立的问题，需要从_____、_____以及_____等多个层面采取措施来保护。

4．人工智能产业链包括_____、_____、_____。

5．国内认知度较高的语音助手包括：微软_____、中国移动和科大讯飞联合打造的_____、小米旗下的_____等。

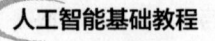

三、简答题

1．人工智能的研究目标是什么？

_____

_____

_____

2．人工智能相关产业链的发展趋势是什么？

_____

_____

_____

3．在人工智能发展史上，起到关键作用的主要人物有哪些？他们的核心思想分别是什么？这些思想对人工智能的发展起到了什么作用？

_____

_____

_____

4．人工智能的主要研究内容有哪些？

_____

_____

_____

5．推动人工智能产业发展的关键技术有哪些？

_____

_____

_____

项目二

新一代信息技术的应用

　　全面助推新一代信息技术的应用，是促进经济转型升级的必经之路，也是落实网络强国战略的重要内容。本项目主要介绍虚拟现实技术、物联网、云计算、大数据、5G、区块链的基础知识，通过典型应用案例的优秀成果，向学生展现新一代信息技术应用的场景，并能够弘扬学生精益求精的工匠精神和科技创新精神。

项目要求 《《《《

- 知识目标

　　了解虚拟现实的相关概念与技术特性，掌握物联网的基本概念与系统架构，掌握云计算、大数据、5G、区块链的基本概念与应用方法。

- 技能目标

　　熟悉新一代信息技术在各领域的应用。

- 素质教育目标

　　在潜移默化中立德树人，培养民族自信和社会责任感。

课前自学

思维导图

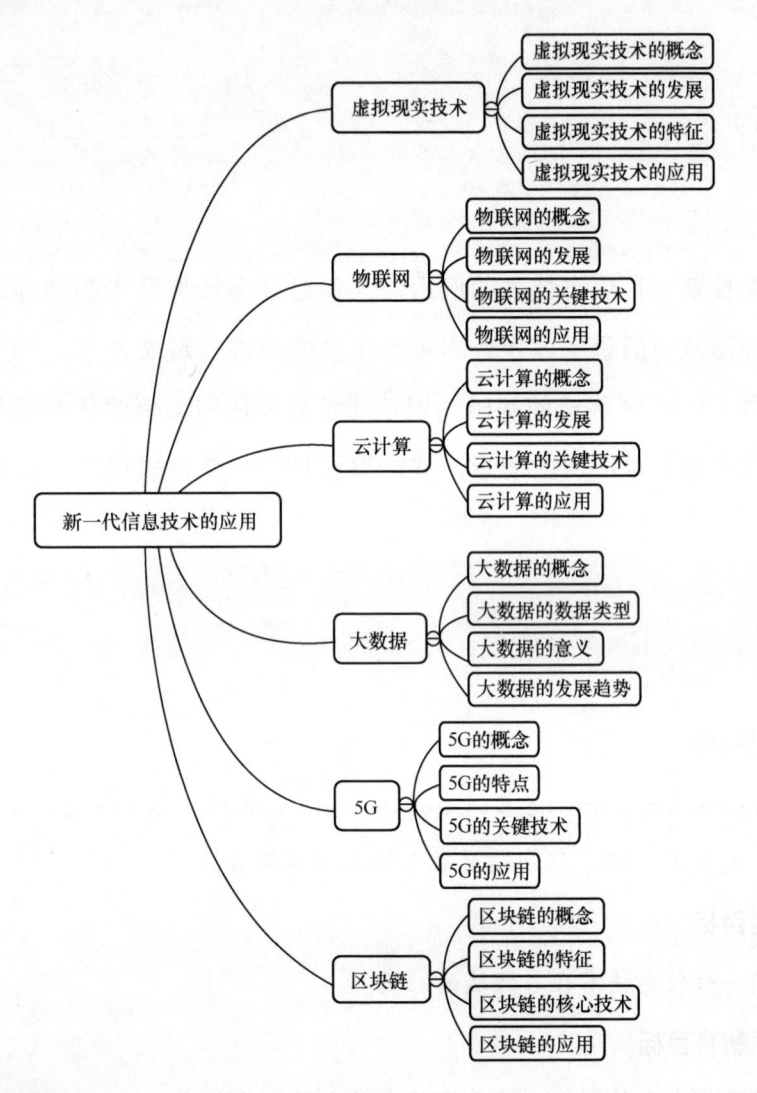

新一代信息技术的应用

- 虚拟现实技术
  - 虚拟现实技术的概念
  - 虚拟现实技术的发展
  - 虚拟现实技术的特征
  - 虚拟现实技术的应用
- 物联网
  - 物联网的概念
  - 物联网的发展
  - 物联网的关键技术
  - 物联网的应用
- 云计算
  - 云计算的概念
  - 云计算的发展
  - 云计算的关键技术
  - 云计算的应用
- 大数据
  - 大数据的概念
  - 大数据的数据类型
  - 大数据的意义
  - 大数据的发展趋势
- 5G
  - 5G的概念
  - 5G的特点
  - 5G的关键技术
  - 5G的应用
- 区块链
  - 区块链的概念
  - 区块链的特征
  - 区块链的核心技术
  - 区块链的应用

● 知识衔接

随着智能家电、穿戴设备、智能机器人等产品的出现和普及，新一代信息技术已经被应用到各个领域，引发越来越多的关注。新一代信息技术目前都被应用在哪些领域，运用了怎样的技术原理呢？智慧教育的发展空间巨大，同学们可以从钉钉、职教云、MOOC（慕课）的海量学习资源中，自主选择和学习新一代信息技术的相关知识。

● **准备素材**

每位学生查找 10 种新一代信息技术在工作、生活场景中的典型应用；教师抽取 5 名同学展示新一代信息技术给生活和学习带来的变化。

● **案例展示**

学生分组准备素材，老师邀请计算机社团的学生担任课程助教，并演示使用百度指数功能获得大数据信息的实训效果，提升学生学习过程的实践性和整体性，使学生更好地理解内容，培养其自主探索的兴趣。

任务 2.1 虚拟现实技术

未来是万物互联的时代，这是时代潮流，也是科技洪流。想拥有在未知空间身临其境的感觉吗？一起来了解一下虚拟现实技术吧！

2.1.1 虚拟现实技术的概念

虚拟现实是一种可以让用户创建和体验虚拟世界的计算机仿真系统，让其在虚拟环境中身临其境，拥有极大的沉浸感。

虚拟现实技术由仿真技术与计算机图形学、传感技术、多媒体技术、网络技术、人机交互技术等集合而成，是具有挑战性的交叉学科前沿技术和研究领域。

2.1.2 虚拟现实技术的发展

我们把虚拟现实技术的发展分为以下 4 个阶段。

① 1963 年以前，虚拟现实思想的萌芽阶段。

② 1963—1972 年，虚拟现实技术的初现阶段。

③ 1973—1989 年，虚拟现实概念和理论的产生阶段。

④ 1990 年至今，虚拟现实理论的完善和应用阶段。

2.1.3 虚拟现实技术的特征

虚拟现实技术具有以下 4 个重要特征。

1．多感知性

多感知性指用户除了感知一般计算机具有的视觉外，还有触觉感知、听觉感知、运动感知、嗅觉感知、味觉感知等。拥有一切人具有的感知功能是理想的虚拟现实。

2．构想性

虚拟场景既可以是想象的虚拟环境，也可以是真实环境的再现，它们都是由设计者想象出来的。

3．交互性

交互性指用户就像在真实的环境中，能够与虚拟环境中的任务和事务互动。

4．自主性

自主性指虚拟环境中的物体遵循物理运动定律的表现程度。

2.1.4 虚拟现实技术的应用

虚拟现实技术主要用于影视娱乐、教育、设计、医学等方面。

1．在影视娱乐方面的应用

近年来，以虚拟现实技术为主建立的第一现场 9D 虚拟现实体验馆在影视业中得到广泛应用。

第一现场 9D 虚拟现实体验馆在影视娱乐市场中的影响力非常大，可以让体验者沉浸在影片创造的虚拟环境中，如图 2.1 所示。

在游戏领域，虚拟现实技术也得到了快速发展。虚拟现实技术可以利用计算机产生三维虚拟空间，而三维游戏又是建立在此技术之上的。因此，三维游戏包含了大多数虚拟现实技术，保证交互性和实时性的同时，在很大程度上提高了用户在游戏中的真实感。

图 2.1　第一现场 9D 虚拟现实体验馆

2．在教育方面的应用

虚拟现实技术已成为一种新型的教育手段，由它打造的学习环境非常生动、逼真。学生利用虚拟现实技术可以实现自主学习，提高学习效率。

此外，各大院校还利用虚拟现实技术建立了与各种学科相关的虚拟现实实验室来帮助学生学习，如图 2.2 所示。

图 2.2　虚拟现实实验室

3．在设计方面的应用

虚拟现实技术在设计方面有广泛的应用。例如在室内设计中，设计师在设计初期，通过虚拟现实技术，可以将自己的想法模拟出来，让室内的实际效果（如室内结构、房屋外形）在虚拟环境中预先呈现出来。这样既降低了成本，又节省了时间。

4．在医学方面的应用

医学老师为了使学生快速掌握手术要领，感受到手术刀切入人体肌肉组织、触碰到骨骼，可以利用虚拟现实技术在虚拟空间中模拟出人体组织和器官，让学生在其中进行模拟操作。主刀医生在手术前，为了提高手术的成功率，让更多的病人得以痊愈，也可以建立一个病人身体的虚拟模型，在虚拟空间中进行手术预演。

随着技术的发展和人们对智能产品互动要求的提高，触摸屏幕智能设备交互已不能满足人们的日常生活、工作、学习的需要。虚拟现实、混合现实技术设备，将虚拟与现实结合可以增强人机交互体验，采用混合现实投射可以提升人们的工作效率，所以说下一代革命性数码产品以虚拟现实技术为基础。

任务 2.2 物联网

物联网是新一代信息技术的重要组成部分，它的高速发展，让电影里的奇思妙想都将变成现实。未来物联网会改变这个世界吗？下面我们一起来了解一下物联网吧！

2.2.1 物联网的概念

物联网（IoT）即"万物互联的网络"，是在互联网的基础上延伸和扩展的网络，是将各种信息传感设备与互联网结合起来形成的一个巨大网络，可以实现在任何时间和任何地点的人、机、物的互联互通。

2.2.2 物联网的发展

物联网从雏形到正式提出经历了 10 年。

1. 物联网的雏形

物联网的概念最早在 1995 年出版的《未来之路》一书中被提出，只是当时受限于传感设备和无线网络等硬件设备的发展，并未引起人们的重视。1999 年，"传感网是下一个世纪人类面临的又一个发展机遇"在美国召开的移动计算和网络国际会议上被提出。

2. 物联网的正式提出

2005 年，在突尼斯举行的信息社会世界峰会（WSIS）上，国际电信联盟（ITU）发布的《ITU 互联网报告 2005：物联网》正式提出"物联网"的概念。该报告指出，无所不在的"物联网"通信时代即将到来，通过因特网，世界上所有的物体都可以主动进行信息交换。

2.2.3　物联网的关键技术

物联网的关键技术包括射频识别技术、传感网。

1. 射频识别技术

射频识别（RFID）技术是物联网的核心技术，是由一个询问器（或阅读器）和很多应答器（或标签）组成的一种简单的无线系统。标签由耦合元件及芯片组成，每个标签附着在物体上以标识目标对象，具有扩展词条唯一的电子编码。它通过天线将射频信息传递给阅读器，阅读器就是读取信息的设备。让物品能够"开口说话"的射频识别技术，赋予了物联网可跟踪的特性，即物品的准确位置及其周边环境随时可以被人们掌握。

2. 传感网

微电子机械系统（MEMS）是由微执行器、微传感器、通信接口和电源、信号处理和控制电路等组成的一体化微型器件系统。其目标是把信息的获取、处理和执行集成在一起，组成多功能的微型系统，并集成于大尺寸系统，从而大幅度提高系统的智能化和自动化水平。微电子机械系统赋予了普通物体新的"生命"，让它们拥有属于自己的数据传输通路，有专门的应用程序、存储功能和操作系统，从而形成一个庞大的传感网。传感网让物联网对人的监控与保护能够通过物体来实现。

2.2.4　物联网的应用

物联网被广泛应用于工业、农业、交通、环境、安保、物流等领域，有效地推动了这些领域的智能化发展，从而提高了行业效益，使有限的资源被更合理地分配。物联网在家居、教育、医疗健康、旅游、金融、服务等与生活息息相关的行业中的应用，使服务方式和服务质量都有了极大的改进，大大地提高了人们的生活质量。

1. 智慧交通

物联网技术在道路交通领域的应用比较成熟。

（1）缓解交通拥堵

由于汽车越来越普及，交通拥堵已成为城市的一大问题。使用物联网技术可以对道路交通状况进行实时监控，并将信息及时传递给驾驶员，让驾驶员根据信息调整出行路线，这样可以有效缓解交通压力。

（2）高速路自动收费

使用物联网技术可以在高速路口设置电子收费系统，免去了车辆在进出口取卡、还卡的流程，提高了通行效率。

（3）公交车定位

使用物联网技术可以在公交车上安装定位系统，使乘客及时了解公交车行驶路线及到站时间，提高了出行效率。

（4）智慧停车

社会车辆增多，除了会带来交通拥堵外，停车难也是城市的一个大问题。一些城市结合物联网技术与移动支付技术，推出了智慧路边停车管理系统，如图 2.3 所示。该系统可以共享车位资源，提高车位使用率和用户的方便程度。用户可以通过手机端应用软件使用该系统，及时了解车位信息、车位位置，并可以提前预订车位和缴费，在很大程度上解决了停车难的问题。

图 2.3　智慧路边停车管理系统

2．智能家居

智能家居以家居为基础，运用物联网技术、网络通信技术、自动控制技术、语音视频技术，高度集成了与家庭生活相关的设备，建成了高效的居住设施。功能包括智能灯光控制、智能家电控制、安防监控系统、智能语音系统、智能视频系统、视觉通信系统、家庭影院等。智能家居可以为家庭日常生活提供便利，让家庭环境更加舒适宜人。智能家居产品的应用如下。

① 用户通过手机等客户端可以远程操作智能空调，调节室温。物联网技术可以研究用户的使用习惯，实现全自动的温控操作。

② 用户通过客户端实现开关智能灯泡，调控灯泡的亮度和颜色等。

③ 用户通过客户端可以监测设备用电情况，实现遥控插座定时通断电流，合理安排资源的使用，减少开支。

④ 智能体重秤内置监测血压、脂肪量的传感器，可以通过内定程序监测用户运动效果，并可以根据用户的身体状态向用户提出健康建议。

⑤ 智能牙刷与客户端相连，可以提醒用户刷牙时间、刷牙位置，根据刷牙的数据生成图表，监测口腔的健康状况。

⑥ 智能摄像头、智能门铃、窗户传感器、智能报警器、烟雾探测器等都是家庭不可缺少的安全监控设备，用户通过客户端可以在任意时间、地点查看家中的实时状况，排除安全隐患。

家居生活因为物联网变得更加轻松、美好，智能家居系统如图 2.4 所示。

图 2.4　智能家居系统

　云计算

云计算被视为计算机网络领域的一次革命，它的出现会给人们的工作方式和企业的商业模式带来巨大的改变吗？下面我们一起来了解一下云计算吧！

2.3.1　云计算的概念

云计算是分布式计算的一种，首先通过网络"云"将巨大的数据计算处理程序分解成无数个小程序，然后通过由多台服务器组成的系统处理和分析这些小程序，最后得到结果并将其返回给用户。

2.3.2　云计算的发展

云计算的历史，可以追溯到1956年，克里斯托弗·斯特雷奇发表了一篇有关虚拟化的论文，正式提出了虚拟化的概念。虚拟化是云计算发展的基础，是云计算基础架构的核心。随后网络技术的发展，促进了云计算的萌芽。

1．发展背景

2004年，Web 2.0会议的举行，标志着计算机网络的发展进入一个新的阶段。在这一阶段，互联网发展亟待解决的问题，就是让更多用户方便、快捷地使用网络服务。与此同时，一些大型公司为了能够给用户提供更加强大的计算处理功能，开始致力于开发具有大型计算能力的技术。

2．概念的提出

2006年8月，时任谷歌首席执行官的埃里克·施密特在搜索引擎营销大会上首次提出了云计算的概念。

2007年以来，云计算让互联网技术和IT服务出现了新的模式。云计算成为计算机领域最受人关注的技术之一，也是大型企业、互联网建设的重要研究方向。

3．云计算的发展

2008 年，微软发布其公共云计算平台，由此拉开了微软的云计算序幕。2009 年 1 月，阿里软件在江苏南京建立了首个"电子商务云计算中心"。同年 11 月，中国移动启动云计算平台"大云"计划。随后百度、阿里巴巴、腾讯、华为、浪潮等信息和通信技术公司纷纷涌入，云计算已经发展到较为成熟的阶段。

2.3.3　云计算的关键技术

云计算的关键技术包括虚拟化技术、分布式海量数据存储技术、海量数据管理技术、能耗管理技术。

1．虚拟化技术

虚拟化技术指计算元件在虚拟机上运行而不是在真实的物理机上运行。它可以扩大硬件的容量，简化软件的重新配置过程，减少软件相关开销，支持更广泛的操作系统。使用虚拟化技术可以将软件应用与底层硬件隔离，其中包括将单个资源划分成多个虚拟资源的分裂模式，将多个资源整合成一个虚拟资源的聚合模式。在云计算的实现中，计算系统虚拟化是一切建立在"云"上的服务与应用的基础。虚拟化技术主要被应用在 CPU、操作系统、服务器上，是提高服务效率的最佳方案。

2．分布式海量数据存储技术

云计算系统由大量服务器组成，同时为众多用户提供服务，因此云计算系统采用分布式存储的方式存储数据，用冗余存储的方式保证数据的可靠性。冗余存储的方式通过将任务分解，用低配机器替代超级计算机来保证低成本，这种方式保证分布式数据的高可用、高可靠和经济性。

3．海量数据管理技术

云计算需要对分布的、海量的数据进行处理、分析，因此数据管理技术必须能够高效管理大量的数据。云计算系统的海量数据管理技术，需要具有高效调配大量服务器资源，使其更好协同工作的能力。方便部署和开通新业务、快速发现并恢复系统故障、通过自动化和智能化手段实现大规模系统的可靠运营是海量数据管理技术的关键。

4．能耗管理技术

云计算的好处显而易见，但随着其规模越来越大，云计算自身的能耗越来越不可被忽视。提高能效的第一步是升级网络设备，增加节能模式，减少网络设施在未被充分使用时的耗电量。除了降低数据传输的能耗，优化网络结构还可以降低基站的发射功率，因为基站是云端与终端传输信息的桥梁。能耗管理技术可以和现有技术结合，在保持性能的同时降低能耗。使用紧凑的服务器配置，直接去掉未使用的组件，也是减少能量损失的好办法。

2.3.4　云计算的应用

云计算的应用主要有存储云、医疗云、金融云、教育云。

1．存储云

存储云又称为云存储，是在云计算技术上发展起来的新的存储技术。存储云是以数据存储和管理为核心的云计算系统。用户可以将本地资源上传至云端，然后在任何地方连入互联网都能获取云端上的资源。微软等大型网络公司均有存储云的服务。在我国，百度云和腾讯微云则是市场占有量较大的存储云。存储云可向用户提供备份服务、存储容器服务、记录管理服务和归档服务，方便了用户对资源的管理。

2．医疗云

医疗云是指在云计算、多媒体、移动技术、大数据、5G 通信和物联网等新技术的基础上，结合医疗技术，使用云计算创建的医疗健康服务云平台，实现医疗范围的扩大和医疗资源的共享。由于云计算技术的运用与结合，医疗云提高了医疗机构的工作效率，方便了居民就医。例如，医院的预约挂号、电子病历等都是云计算与医疗行业结合的产物。医疗云还具有信息共享、数据安全、布局全国、动态扩展的优势。

3．金融云

金融云是指利用云计算技术，将信息、服务和金融分散到庞大的互联网"云"分支机构中，旨在为银行、基金和保险等金融机构提供互联网运行、处理服务，同时共享互联网资源，从而实现低成本、高效的目标。因为金融行业与云计算的结合，用户只需要在客户端上进行简单操作，就可以完成购买保险、存款和买卖基金等操作。2013年，阿里云整合了阿里巴巴旗下的资源并推出了阿里金融云服务。随后京东、腾讯等企业均推出了自己的金融云服务。

4．教育云

教育云实质上是教育信息化的产物。教育云可以将用户需要的任何教育资源虚拟化，然后将其传入互联网，以向教育机构和师生提供一个方便快捷的平台。流行的MOOC就是教育云的一种应用，是大规模开放的在线课程。中国大学MOOC平台如图2.5所示。

图2.5　中国大学MOOC平台

云计算是新一代信息技术之一，其应用领域非常广泛。它的应用不仅加快了产业优化升级，提高了服务水平和管理效率，甚至对人们的工作和生活产生了巨大的影响。越来越多的企业通过大规模部署云计算，在推动战略性变革、实现更精准的决策和更深入的协作方面获得核心竞争优势。借助互联网、云计算技术，实现多业态融合，成为产业结构调整的新方向，促进了全社会信息化水平的提升。

大数据

现在科技发达、信息流通，人们之间的交流越来越密切，生活也越来越便利。大数据是高科技时代的产物，它的产生会给世界带来怎样的变化？下面我们一起来了解大数据吧！

2.4.1　大数据的概念

数据是指对客观事物的性质、状态和相互关系等进行记载的物理符号（或物理符号的组合）。它可以是狭义上的数字，也可以是具有一定意义的文字、数字符号、字母的组合、图形、视频、图像、音频等，还可以是客观事物的属性、位置、数量及其相互关系的抽象表示。

关于大数据，麦肯锡全球研究院给出的定义是"一种规模大到在获取、存储、管理、分析方面远远超出传统数据库软件工具能力范围的数据集合，具有海量的数据规模、快速的数据流转、多样的数据类型和价值密度低四大特征"。

数据在计算机中常用的存储单位从小到大依次是 bit、B、KB、MB、GB、TB、PB 等。

它们之间按照以下进率来计算：

1B=8bit；

1KB = 1024B；

1MB = 1024KB；

1GB = 1024MB；

1TB = 1024GB；

1PB = 1024TB。

2.4.2　大数据的数据类型

大数据的数据类型分为结构化数据、半结构化数据、非结构化数据。

① 结构化数据是指按照一定结构和排列顺序存储的数据。其一般特点是数据以行为单位，一行数据表示一个实体的信息，每一行数据的属性是相同的。所以，结构化数据的存储和排列是很有规律的，这对查询和修改等操作很有帮助。

② 半结构化数据类似于结构化数据，是结构化数据的一种形式，但又不完全符合结构化数据的存储结构特点。非结构化数据是指数据结构没有特定的规则和表现形式。

③ 非结构化数据是数据结构不规则或不完整，没有预定义的数据模型，不方便用数据库二维逻辑表来表现的数据。非结构化数据包括所有格式的办公文档、文本、图片、各类报表、图像、音频和视频信息等。

2.4.3　大数据的意义

大数据是一种宝贵的战略资源，其潜在价值和增长速度正在改变人类的工作、生活和思维方式。大数据也是企业跨界融合发展的驱动力，在带来巨大技术挑战的同时，也会带来巨大的技术创新与商业机遇。不断积累的大数据包含很多小数据量不具备的深度知识和价值，越来越多的政府、企业意识到数据正在成为重要的资产，数据分析能力正在成为核心竞争力。以中华全国总工会推动的"工惠驿家"为例，它借助"互联网+"、大数据、物联网、人工智能等新一代信息技术，为行走在全国各地公路上的 3000 多万名货运司机提供高频度、高黏度、普惠性服务。在满足企业需求的条件下，大数据技术已经能够在逐渐成形的框架下顺应企业的需求，改变企业发展的方向，做到生产效益的最大化与生产安全的零失误。

综上所述，大数据的意义体现在以下几个方面。

① 利用大数据可以帮助为大量消费者提供产品或服务的企业进行精准营销。

② 利用大数据可以为发展"小而美"模式的中小微企业进行服务转型。

③ 充分利用大数据的价值可以使面临互联网压力必须转型的传统企业与时俱进。

2.4.4　大数据的发展趋势

在过去十年，我国的数据量不仅增长迅速，而且大数据技术和产业大数据应用越来越成熟，以大数据为支撑推动产业数字化转型已是热潮。

1. 数据的资源化

大数据已成为企业和社会关注的重要资源，并成为大家争相抢夺的新焦点。所以，企业必须抢占市场先机，提前制订大数据营销战略计划。

2. 与云计算的深度结合

大数据离不开云计算。云计算是产生大数据的平台之一，能为大数据提供弹性可拓展的基础设备。除此之外，移动互联网、物联网等新兴计算形态，也将一起助力大数据快速发展。

3. 科学理论的突破

大数据已成为撬动新一轮技术与产业革命的支点。随之兴起的机器学习、数据挖掘和人工智能等相关技术，可能会改变数据世界中的很多基础理论和算法，从而在科学理论上实现突破。

4. 数据科学学科的建立

各大高校将设立数据科学类专业，数据科学会成为专门的学科；相关行业会产生一批新的就业岗位，同时建立基于数据基础平台的跨领域的数据共享平台。数据共享将扩展到企业层面，并且成为未来产业的核心。

近年来，我国大数据产业迎来新的发展机遇，产业规模日趋壮大。大数据产业主体从"硬"设施向"软"服务转变的态势将更加明显，面向金融、政务、电信、医疗等领域的大数据服务的创新将倍增。

任务 2.5　5G

我国是"5G 时代"的核心引领者，凭借超前的战略布局和人才储备，我国 5G 在全球范围内的专利积累、标准影响力、智能硬件设备的制造以及应用场景开发等方面都具备明显的先发优势，也为我国 5G 的发展夯实了基础。5G 的发展将直接带动电信运营业、设备制造业和信息服务业的快速发展，进而对 GDP 的增长作出贡献。产业间的关联效应和波及效应，将放大 5G 对经济社会发展作出的贡献，间接带动各行业、各领域创造更多的经济价值。

2.5.1　5G 的概念

5G 的性能目标是提高数据传输速率、节省能源、减少时延、扩大系统容量、降低成本和实现大规模设备连接。5G 的主要优势在于，数据传输速率远远高于有线网络，并且拥有较低的网络时延。

2.5.2　5G 的特点

5G 的特点如下。

① 峰值速率达到吉比特每秒的标准。

② 5G 具有超大网络容量，可提供千亿设备的连接服务。

③ 相比 4G，5G 频谱效率大幅度提升。

④ 流量密度和连接数密度显著增大。

⑤ 系统协同化、智能化水平提升。

2.5.3　5G 的关键技术

连续广域覆盖、热点高容量、低时延高可靠和低功耗大连接是 4 个 5G 典型技术场景，它们具有不同的指标需求。在考虑不同技术可能共存的前提下，需要合理组合以下关键技术来满足这些需求。

1. 超密集异构网络技术

5G 正朝着网络多元化、综合化、智能化、宽带化的方向发展。随着各种智能终端的普及，超密集异构网络技术将成为提高数据流量网速的关键技术。

2. 自组织网络技术

传统移动通信网络主要依靠人工完成网络的部署、运行和维护，既耗费大量人力资源又增加运行成本，网络优化效果也不理想。在 5G 中，网络存在各种无线接入技术，且网络节点覆盖能力各不相同，它们之间的关系错综复杂，给网络的部署、运营及维护带来极大的挑战。因此，智能化的自组织网络技术将成为 5G 的一项关键技术。

3. 内容分发网络技术

在 5G 中，随着网络流量的爆炸式增长，面向大规模用户的图像、音频、视频等业务量急剧增长，会极大地影响用户访问互联网的质量。如何降低用户获取信息的时延，有效分发大流量的业务内容，将成为内容提供商和网络运营商面临的一大难题。因此，内容分发网络技术对 5G 的容量与用户访问具有重要的支撑作用。

4. D2D 通信技术

在 5G 中，频谱效率、网络容量需要得到进一步提升，更好的终端用户体验和更丰富的通信模式也是 5G 的发展方向。设备到设备（D2D）通信技术可以提升系统性能、减轻基站压力、增强用户体验感、提高频谱利用率。因此，D2D 通信技术是 5G 中的关键技术之一。

5. M2M 通信技术

机器对机器（M2M）通信技术作为物联网常见的技术，在智能电网、城市信息化、安全监测、环境监测等领域实现了商业化应用。智能化、交互式是 M2M 有别于其他应用的典型特征，这一特征下的机器也被赋予了更多的"智慧"。

6. 信息中心网络技术

随着实时音频、高清视频等服务需求的日益激增，基于位置通信的传输控制协议/网际协议（TCP/IP）网络无法满足数据流量分发的要求。网络呈现出以信息为中心的发展趋势。信息中心网络（ICN）作为一种新型网络体系结构，将取代现有的TCP/IP 网络。

2.5.4 5G 的应用

5G 主要被应用在车联网与自动驾驶、外科手术、智能电网等方面。

1．车联网与自动驾驶

车联网技术经历了利用有线通信的路侧单元以及 2G、3G、4G 承载车载信息服务的阶段，正在依托高速发展的通信技术和 5G，逐步步入自动驾驶时代。车联网与自动驾驶示意如图 2.6 所示。

图 2.6　车联网与自动驾驶示意

2．外科手术

2019 年 1 月，我国一名外科医生利用 5G 实施了全球首例远程外科手术。

这名医生操控约 48km 以外的机械臂进行手术，手术中网络时延只有 0.1s。随着 5G 的快速发展，机器人手术将有利于专业外科医生为世界各地有需要的人实施手术。

3．智能电网

智能电网就是电网的智能化，也称为"电网 2.0"，建立在集成的、高速双向通信网络的基础上。5G 的快速发展，可实现智能电网的可靠、安全、经济、高效、环境友好和使用安全的目标。智能电网的主要特征包括自愈、激励和保护用户、抵御攻击、提供满足用户需求的电能质量、允许各种不同发电形式的接入、启动电力市场以及资产的优化高效运行。5G 智能电网如图 2.7 所示。

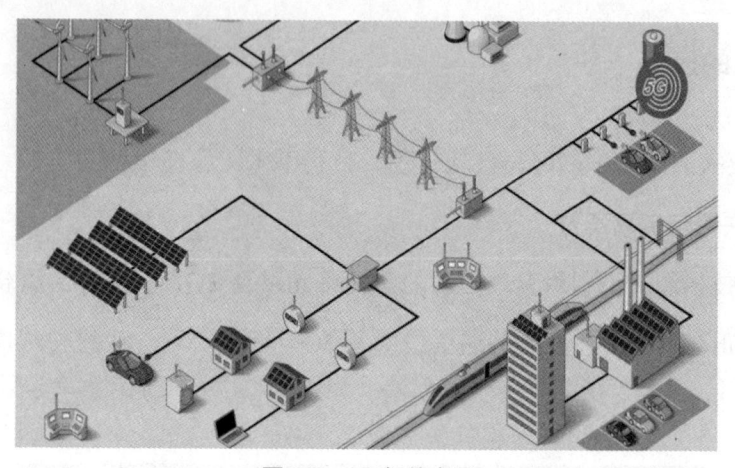

图 2.7　5G 智能电网

5G 作为一种新型移动通信技术，为用户提供增强现实、虚拟现实、超高清视频等更加身临其境的极致体验，解决人与物、物与物的通信问题，满足移动医疗、车联网、智能家居、工业控制、环境监测等物联网应用需求。展望未来，5G 将渗透到经济社会的各行各业，成为支撑经济社会数字化、网络化、智能化转型的关键技术。华为 2012 实验室的"PCB 板材界面特性研究项目"课题研究，主攻解决 5G 高频 PCB 板设计界面黏接的机理问题，研究成果缩短了产品测试和验证的迭代周期，解决了 5G 通信基站建设中的"卡脖子"问题。敢闯敢试、敢为人先、埋头苦干的特区精神，激励着我们在各自研究领域勇当新时代的"拓荒牛"。

任务 2.6　区块链

我们又一次处于革命——价值互联网变革的起点，而要理解价值互联网的未来，我们首先要明白区块链技术。

2.6.1　区块链的概念

区块链是数字世界中进行"价值表示"和"价值转移"的技术。从科技层面上看，区块链涉及密码学、数学、计算机编程和互联网等科学技术。从应用层面上看，区块链是一个分布式的数据库和共享账本。

2.6.2　区块链的特征

在信息网络化的大背景下，当需要与不熟悉的人进行价值交换时，人们如何做才能防止被恶意欺骗，从而作出准确的决策？区块链的所有核心技术均围绕去中心化、独立性、安全性、匿名性这四大特征进行设计。

1．去中心化

去中心化是区块链最突出、本质的特征。去中心化即没有中心管制，不依赖额外的硬件设施或第三方管理机构，除了自成一体的区块链本身，通过分布式存储和核算，各个节点可实现信息的自我传递、验证和管理。

2．独立性

基于协商一致的协议和规范，整个区块链系统不依赖其他第三方，所有节点能够在系统内自动安全地交换数据并进行验证，不需要任何人为干预。

3．安全性

只要不掌控全部数据节点的50%以上，任何人都无法肆意操控和修改网络数据，这就避免了人为变更数据，使区块链变得相对安全。

4．匿名性

除非有法律规范的要求，否则只从技术上讲，传递信息可以匿名进行，各区块节点的身份信息不需要公开或验证。

2.6.3　区块链的核心技术

从狭义上讲，区块链是一种按照时间顺序将数据区块以顺序相连的方式组合的一种链式数据结构，并以密码学方式保证的不可篡改和不可伪造的分布式账本。从广义上讲，区块链是利用块链式数据结构验证与存储数据、利用分布式节点共识算法生成和更新数据、利用密码学的方式保证数据的传输和访问的安全、利用由自动化脚本代码组成的智能合约编程和操作数据的一种全新的分布式基础架构与计算范式。在区块链上没有中心数据库来保存所有记录，每一个区块都拥有全链的交易数据，也就是说，每一个区块都是中心。区块链的四大核心技术如下。

1．分布式账本技术

分布式账本技术指的是交易记账由分布在不同地方的多个节点共同完成，而且每一个节点记录的是完整的账目，也可以共同为其作证，因此它们都可以监督交易。

2．加密技术

加密技术一般分为对称式加密和非对称式加密两类。对称式加密技术的主要特点是加密和解密使用同一个密钥。而非对称式加密技术在进行加密时使用了两个密钥，在加密和解密过程中分别使用不同的密钥，要想正常完成加密、解密过程，必须配对使用密钥。虽然存储在区块链上的交易信息是公开的，但是账户身份信息是高度加密的，访问者只有在数据拥有者授权的情况下才能访问账户身份信息，从而保证个人隐私和数据的安全。

3．共识机制技术

共识机制技术就是所有记账节点之间怎么认定记录的有效性、怎么达成共识。它既是防止篡改的手段，也是认定的手段。

4．智能合约技术

智能合约技术基于不可篡改的可信的数据，自动执行一些预先定义好的条款和规则。

2.6.4　区块链的应用

区块链可以应用在以下领域。

1．金融领域

区块链在信用证、国际汇兑、证券交易所和股权登记等金融领域有潜在的应用价值。将区块链应用在金融行业中，能够实现点对点直接对接，从而省去第三方环节，在大大降低成本的同时，快速完成交易。

2．物联网和物流领域

在物流领域，区块链和物联网可以自然结合。使用区块链可以追溯物品的生产和运送过程，降低物流成本，并且可以提高供应链管理的效率。

使用区块链，通过节点连接的散状网络分层结构，能够检验信息的准确度，并且能够在整个网络中实现信息的全面传递。这种特性在一定程度上提升了物联网交易的智能化水平和便利性。"区块链+大数据"解决方案利用大数据的自动筛选过滤模式，在区块链中建立信用资源，可提高物联网交易的便利程度，并双重提高交易的安全度。区块链节点可独立参与或离开区块链体系，对整个区块链体系不会有任何干扰。"区块链+大数据"解决方案利用大数据的整合能力，促使智能物流的分散用户之间实现用户拓展，使物联网基础用户的拓展更具有方向性。

3．公共服务领域

区块链在能源、公共管理、交通等领域的应用都与民众的生产生活息息相关。区块链提供的去中心化的完全分布式 DNS（域名系统）服务，通过网络中各个节点之间的点对点数据传输服务，能实现域名的解析和查询，可以确保某个重要的固件和基础设施的操作系统没有被篡改，还可以监控软件的完整性和状态。

4．数字版权领域

使用区块链可以对作品进行鉴权，证明文字、音频、视频等作品的存在，保证权属的唯一性、真实性。作品在区块链上被确权后，实现了数字版权全生命周期管理，后续交易会被实时记录，可作为司法取证中的技术性保障。

5．保险领域

在保险理赔方面，保险机构负责投资、资金归集、理赔，往往运营和管理成本较高。智能合约，既不需要获得保险公司批准，也不需要投保人申请，只要触发理赔条件，就可自动理赔保单。

6. 公益领域

在区块链上存储的数据，不可被篡改且可靠性高，适用于社会公益场景。公益流程中的相关信息，如募集明细、捐赠项目、受助人反馈、资金流向等，均可以被存放在区块链上，并且可以有条件地进行透明公开公示，方便社会监督。人工智能的核心在于数据支持，当前大数据应用进入广泛使用且快速发展的阶段。借助大数据分析手段，我们可以预判未来的发展趋势，为政府治理和决策提供及时的数据分析，实现价值创造并触发新的价值增长，促进互联网、大数据、人工智能同实体经济深度融合。

目前我国人工智能技术的应用已经从最初的数据分析突破到创意性内容的生成，优秀的内容生成能力引发了各个领域的关注。GPT-4、Midjourney 等 AIGC（人工智能生成内容）类应用产品的快速迭代和更新，表明 AIGC 的发展已经步入快车道，并正在为内容创作领域带来深刻的变革。随着算法、模型、算力的持续优化，未来 AIGC 将实现高质量的内容产出，当前技术成熟度相对欠缺的长文本生产、视频生成以及横跨更多模态的多模态生成等也将逐一被突破，进一步扩大 AIGC 技术的应用范围并提高普及率。在内容生产领域，AIGC 已经率先被应用于游戏、影视、新闻媒体、文学创作、音乐、广告等方面，AIGC 带来的高效率创作能够帮助作者降低创作门槛和研究项目的成本，提高内容创作效率并带来更多的商业化变现可能。未来人工智能技术的影响范围必将进一步扩大，有望实现全行业的"AI+"。

课中实训

实训一　使用百度指数功能获得大数据信息

姓名：＿＿＿＿＿＿＿＿　学号：＿＿＿＿＿＿＿＿　时间：＿＿＿＿＿＿＿

系（部）：＿＿＿＿＿＿　专业：＿＿＿＿＿＿＿　班级：＿＿＿＿＿＿＿

大数据技术可将无数散数据聚集起来，形成一定的有用信息。那么如何使用简单的大数据信息呢？

① 登录百度，输入"百度指数"，如图 2.8 所示。

图 2.8　输入"百度指数"

② 在百度搜索结果中选择"百度指数官方"，如图 2.9 所示；单击"进入官网"按钮，打开"百度指数"首页，如图 2.10 所示。

图 2.9　"百度指数"的搜索结果

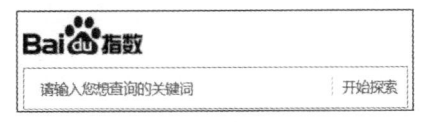

图 2.10　"百度指数"首页

③ 输入关键词"智慧校园",搜索结果如图 2.11 所示。

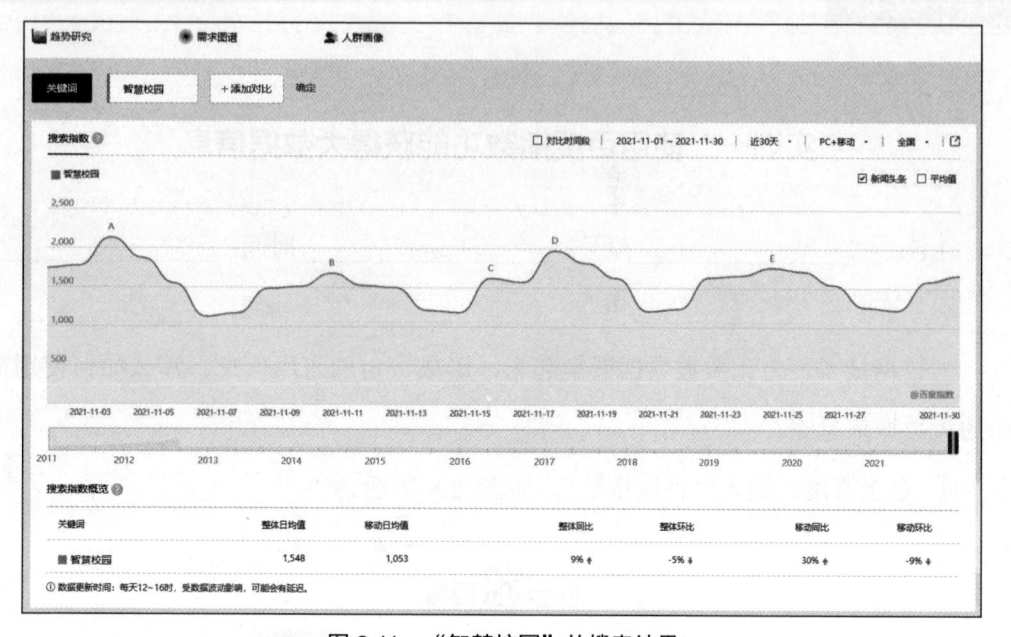

图 2.11 "智慧校园"的搜索结果

④ 单击图 2.11 中的"添加对比"按钮,添加关键词"智慧城市",进行指数对比,如图 2.12 所示。

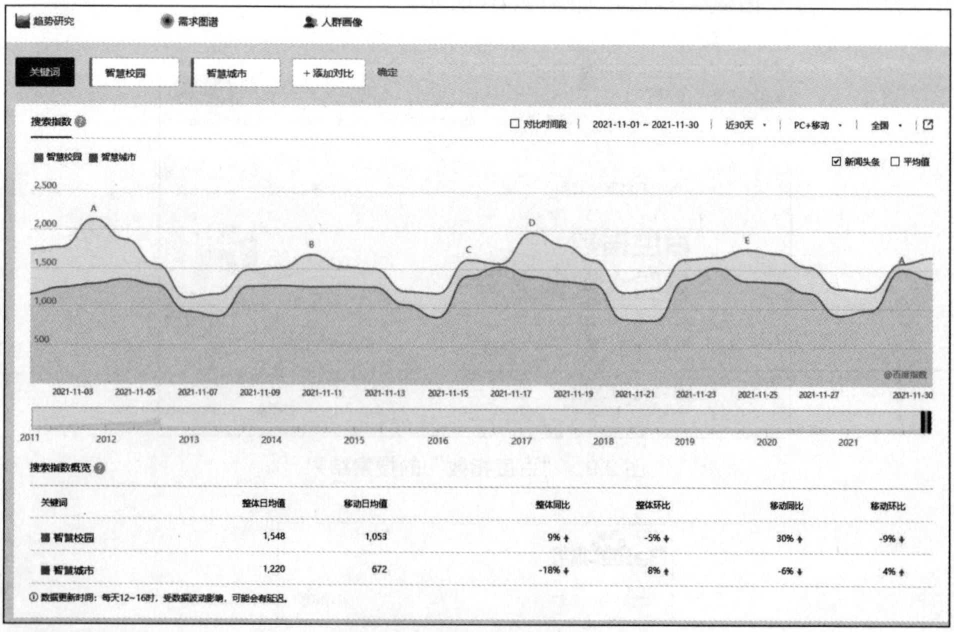

图 2.12 指数对比

⑤ 选择图 2.12 中的"需求图谱"选项，打开关键词"智慧校园"的需求图谱页面，如图 2.13 所示。

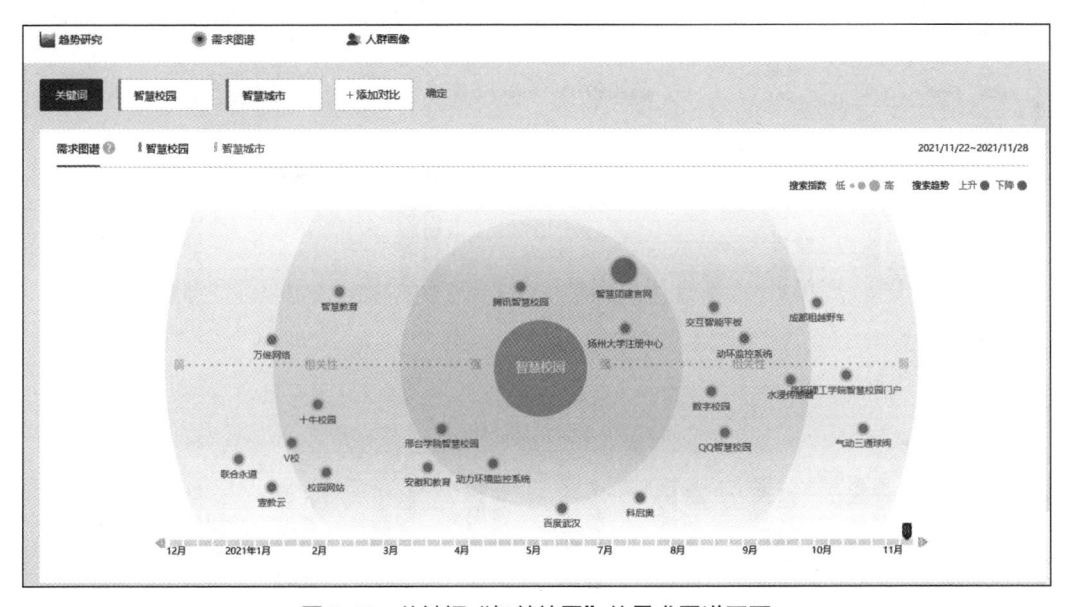

图 2.13　关键词"智慧校园"的需求图谱页面

⑥ 单击图 2.13 中的关键词"智慧城市"，打开关键词"智慧城市"的需求图谱页面，如图 2.14 所示。

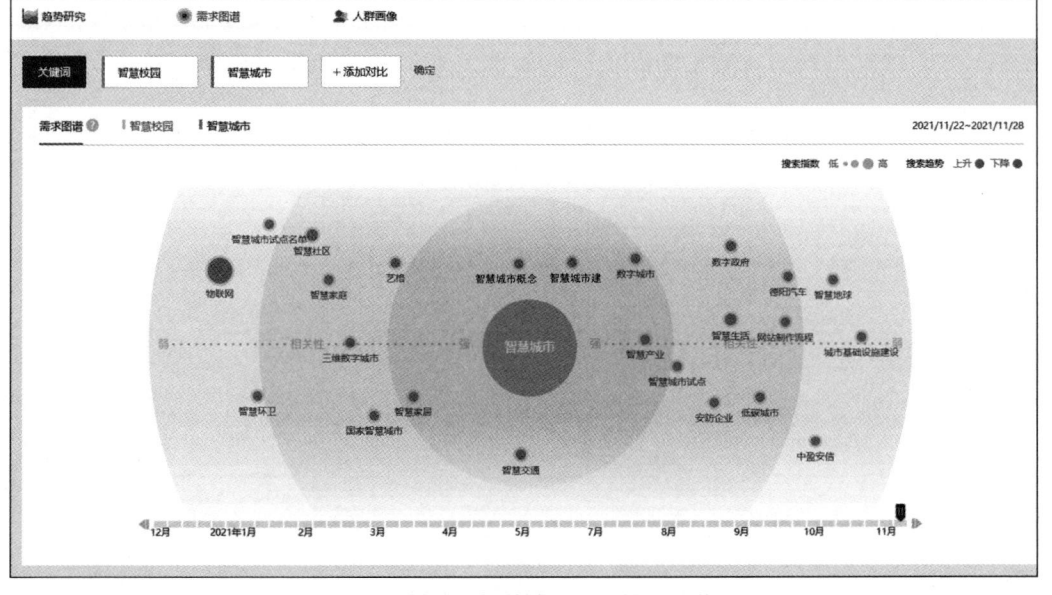

图 2.14　关键词"智慧城市"的需求图谱页面

⑦ 选择图 2.14 中的"人群画像"选项，打开关键词"智慧校园""智慧城市"的人群画像页面，如图 2.15 所示。

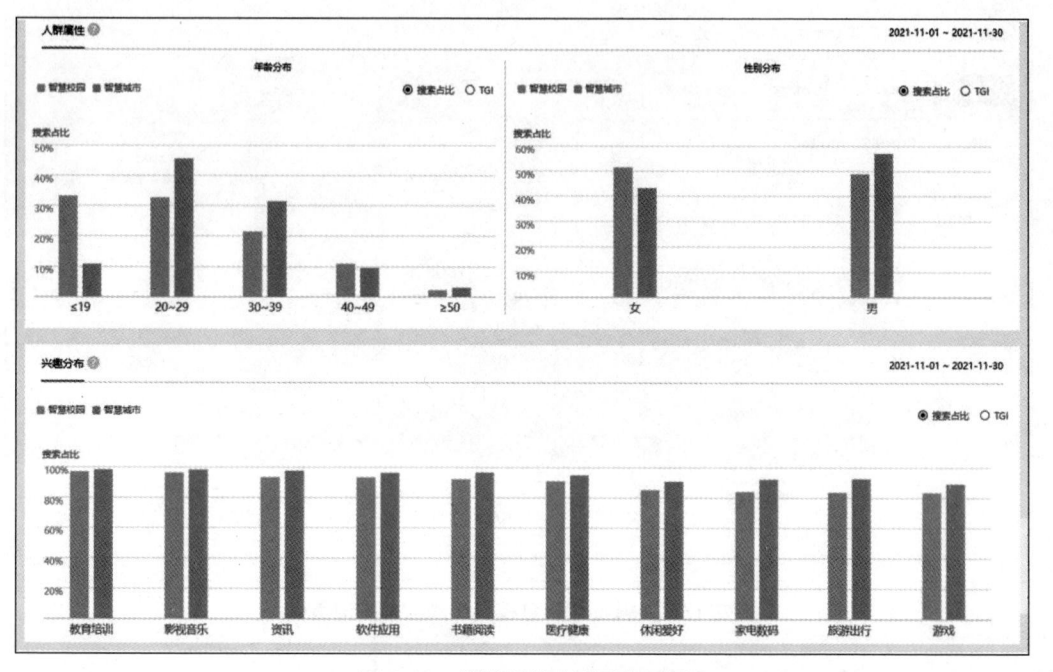

图 2.15　关键词的人群画像页面

⑧ 使用百度指数，分析"智慧校园""智慧城市"指数，制作一份关于"智慧校园""智慧城市"的调查报告，其中包括趋势研究、需求图谱、人群画像项目。

⑨ 尝试写出利用百度指数获取"职教高考"大数据的关键程序代码。

序号	关键程序代码
1	
2	
3	
4	
5	
6	
7	
……	

实训二 调研并优化智慧校园

姓名：_____ 学号：_____ 时间：_____

系（部）：_____ 专业：_____ 班级：_____

调研本校"智慧校园"应用现状，撰写优化方案。

① 调查本校"智慧校园"包括哪些系统。

② 编写"智慧校园"使用情况的调查问卷。

③ 通过"问卷星"平台在全校师生中开展在线调查。

④ 在学校信息中心调取"智慧校园"的后台数据。

⑤ 对调查数据和后台数据进行分析。

⑥ 总结目前本校"智慧校园"的优缺点。

⑦ 撰写本校"智慧校园"的优化方案，并完成表2.1。

表 2.1 本校"智慧校园"的优化方案

"智慧校园"系统现存问题	如何优化

课后提升

案例一 走进"云"博物馆

姓名：_____ 学号：_____ 时间：_____

系（部）：_____ 专业：_____ 班级：_____

2018 年，为了探索博物馆的数字化路径，"超级连接的博物馆：新方法、新公众"被国际博物馆协会定为当年国际博物馆日的主题。近几年来，博物馆的文物修复、展示、讲解等已越来越多地应用到了数字化技术。为了打造浸入式的游览体验，一些博物馆引入了增强现实、虚拟现实技术。为了让公众通过网络看到立体的博物馆，很多博物馆都推出了 3D 展馆。

因为时间和地点的限制，有些人无法走进博物馆，所以国内各大博物馆推出了网络直播。博物馆讲解员化身"主播"，实现了讲解员与观众之间更良好、更便捷的互动。博物馆变身"播物馆"，可以实现更多人走进博物馆的梦想，公众参观博物馆变成参观"云"博物馆。"播物馆"不仅可以使讲解员在线与网友交流、学习历史文化知识，还可以让博物馆的藏物立体起来，让观众更好地感受文物的魅力。加上直播间的互动，确实比一个人参观博物馆多了不少乐趣。这些都是"云"博物馆的优势所在。

"云"博物馆弥补了民众不能出门参观博物馆的遗憾，既让民众感受到国宝文物的魅力，又丰富了人们的精神文化生活。但"云"模式还有诸多问题："云"博物馆毕竟是一种新模式，传播内容单一，呈现方式缺乏新意；"云"博物馆会对后期实体博物馆的门票收入带来冲击。所以只有不断完善"云"博物馆，才能助其走得更远。

请选择参观一个"云"博物馆，完成以下两个问题。

① 参观"云"博物馆有何感受，与实际走进博物馆有何不同？

② 举例说明"云"博物馆的优势和劣势。

案例二 身边的人工智能：智慧农业

姓名：_____ 学号：_____ 时间：_____

系（部）：_____ 专业：_____ 班级：_____

什么是智慧农业？能帮助农民节省成本、提高效率或优化流程的技术服务都是智慧农业。

下面分别介绍 5 个常见的智慧农业的应用场景。

（1）植保无人机

用于农林植物保护作业的无人驾驶飞机是植保无人机，其主要通过地面遥控或定位系统飞控完成喷洒药剂作业。植保无人机不仅可以喷洒农药，而且有收集、监测数据等作用。无人机植保作业具有操作简便、精准、智能化、高效环保等特点，能为农户节省大量人力和大型机械成本，这是传统植保作业无法比拟的。据了解，使用植保无人机防治病虫害能减少环境污染、减轻农民田间劳动强度、提高防治效果。每架植保无人机可负载 10kg 左右农药，在低空喷洒农药，每分钟大约可完成一亩地的作业，特别是在地形环境恶劣、人工作业有困难的地方，植保无人机的优势更是明显。植保无人机如图 2.16 所示。

图 2.16　植保无人机

（2）智能温室

智能温室又称现代温室或连栋温室，其拥有综合环境控制系统。应用该系统可以直接调节室内肥、光、气、水，精细化种植蔬菜、花卉，实现全年高产。近些年随着蔬菜项目建设的飞速发展，智能温室为农业的发展带来了强有力的推动作用。信号采集系统、中心计算机、综合环境控制系统三大部分组成了智能温室系统。智能温室如图 2.17 所示。

图 2.17　智能温室

（3）水肥一体化

水肥一体化是采用土培系统和水肥结合的方式，将灌溉与施肥融为一体的农业新技术。这种灌溉施肥的技术可依照作物生长的需求，将水分和养分按比例定量、定时直接提供给作物。整个系统的监控可通过智能手机、本地触摸屏以及远程计算机进行，其目的就是真正实现节水灌溉、智能施肥。智能水肥一体机如图 2.18 所示。

图 2.18　智能水肥一体机

（4）LED 生态种植柜

LED 生态种植柜将 LED 和水培技术结合起来，支持多种蔬菜栽培。LED 生态种植柜在密闭环境下，可通过人工技术进行精确调控，使里面的温度、湿度、二氧化碳浓度保持适度，不受外界影响。种植柜上的 LED，可以模拟太阳光谱，让蔬菜种植实现工厂化。LED 生态种植柜如图 2.19 所示。

图 2.19　LED 生态种植柜

（5）工厂化育苗

工厂化育苗又称快速育苗，依据一定的程序，利用室内机械化育苗设施对蔬菜、花卉等进行快速育苗。工厂化育苗可以根据幼苗在不同生长阶段需要不同环境条件的规律，设置各类室内育苗设施使其具有不同温度、光照、湿度、营养等，将处于各生长阶段的幼苗按照工序依次置于相应的设施中培育。培育幼苗的成套设施一般包括出苗室、绿化室、炼苗室及附属设施等。工厂化育苗如图 2.20 所示。

图 2.20　工厂化育苗

当前，我国正处于传统农业向现代农业转型的过程，智慧农业是现代农业的主要表现形式。智慧农业在建设中还存在一些问题，例如，缺少懂得利用人工智能的人才，农业生产的规模不利于运用人工智能，收集农业生产的信息资源较为困难，智慧农业和商业发展联系不足。要想解决这些问题，就要做到：积极转变政府职能，努力为农业生产创造良好的社会条件；加快农村剩余劳动力的转移，提高农业规模化水平，培育新型农民，提高农业劳动者职业素质；加大对农业的资金投入力度；支持和保护农民合作经济组织组建；利用优惠政策引导城市资金流向智慧农业；进一步健全农产品市场体系建设，积极发展物流产业，保障农产品顺畅流通。

请结合以上 5 个智慧农业的案例，完成人工智能应用的调研报告。

_____

_____

_____

_____

_____

_____

_____

_____

_____

_____

_____

_____

_____

_____

_____

_____

课后练习

习　题

一、单选题

1. 物联网的核心技术是（　　）。

A. 射频识别　　　B. 集成电路　　　C. 无线电　　　　　D. 操作系统

2. 云计算是（　　）计算的一种，指的是通过网络"云"将巨大的数据计算处理程序分解成无数个小程序。

A. 分布式　　　　B. 集中式　　　　C. 交互式　　　　　D. 虚拟式

3.（　　）是在云计算技术上发展起来的一个新的存储技术。

A. 存储云　　　　B. 医疗云　　　　C. 金融云　　　　　D. 教育云

4.（　　）是一种宝贵的战略资源，其潜在价值和增长速度正在改变人类的工作、生活和思维方式。

A. 大数据　　　　B. 云存储　　　　C. 物联网　　　　　D. 云计算

5.（　　）的主要优势在于，数据传播速率远远高于有线网络，峰值速率达到吉比特每秒的标准。

A. 5G　　　　　　B. 4G　　　　　　C. 3G　　　　　　　D. 2G

二、多选题

1. 虚拟现实技术是仿真技术与计算机图形学、（　　）等多种技术的集合。

A. 传感技术　　　B. 多媒体技术　　C. 网络技术　　　　D. 人机接口技术

2. 物联网主要涉及的关键技术包括（　　）。

A. 射频识别技术　B. 纳米技术　　　C. 传感网技术　　　D. 网络通信技术

3. 虚拟现实技术的特征包括（　　）。

A. 多感知性　　　B. 构想性　　　　C. 交互性　　　　　D. 自主性

4．微电子机械系统是由（　　）等部件组成的一体化微型器件系统。

A．微执行器　　　　　　　　　B．微传感器

C．通信接口和电源　　　　　　D．信号处理和控制电路

5．物联网被广泛应用于（　　）、安保、物流等基础设施领域。

A．工业　　　　B．农业　　　　C．交通　　　　D．环境

三、填空题

1．_____是一种可以创建和体验虚拟世界的计算机仿真系统。

2．数据在计算机内存储的最小的基本单位是_____。

3．1999 年，"_____是下一个世纪人类面临的又一个发展机遇"，在美国召开的移动计算和网络国际会议被提出。

4．_____是物联网发展中备受关注的一种技术。其是由一个询问器（或阅读器）和很多应答器（或标签）组成的一种简单的无线系统。

5．_____是数字世界中进行"价值表示"和"价值转移"的技术。从科技层面上看，其涉及密码学、数学、计算机编程和互联网等科学技术。从应用层面上看，它又是一个分布式的数据库和共享账本。

四、简单题

1．虚拟现实技术的技术特征有哪些？

_____

_____

_____

_____

2．云计算的应用有哪些？

_____

_____

_____

_____

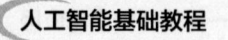

3．大数据的发展趋势是什么？

_____

_____

_____

_____

4．5G 的特点是什么？

_____

_____

_____

_____

5．什么是区块链？

_____

_____

_____

_____

项目三

人工智能之自动识别技术

　　自动识别技术是应用一定的识别装置，通过将被识别物品和识别装置接近，自动获取被识别物品的相关信息，并将其提供给后台计算机处理系统完成后续处理的一种技术。本项目通过介绍自动识别技术的应用实例，阐述自动识别技术对人类社会发展产生的巨大推动作用，激发学生进一步学习人工智能的兴趣。

项目要求 ◀◀◀◀

- **知识目标**

　　了解自动识别技术的定义与发展，掌握传感器的分类及应用场景，深刻理解自动识别技术在人们的生活与工作中起到的巨大作用。

- **技能目标**

　　掌握无人小车避障的原理及实施步骤，加深对传感器的理解。掌握百度云的基本使用方法。

- **素质教育目标**

　　在分组实训的过程中，注重培养学生的团队意识、树立团队精神、提高团队协作能力。对国内外自动识别技术的发展现状、身边案例进行探讨，树立民族自豪感，增强民族复兴的紧迫感与肩负的使命感。

课前自学

思维导图

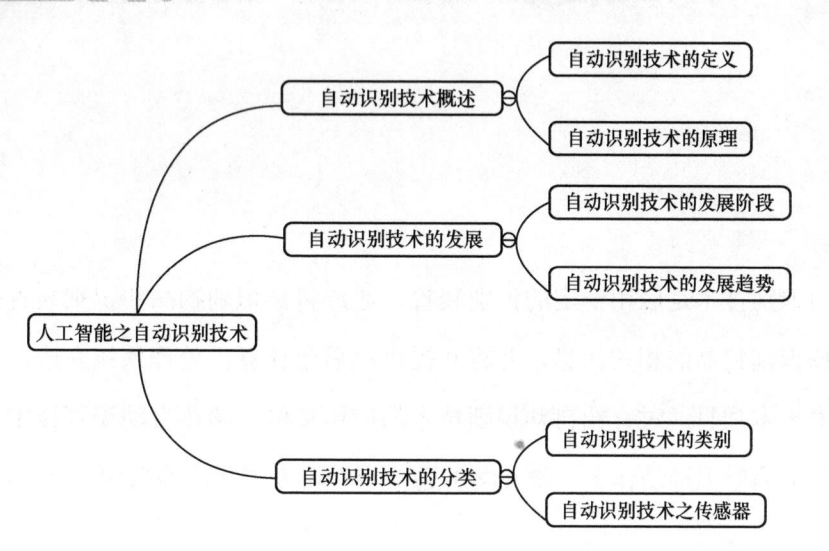

- **知识衔接**

自动识别（AIDC）技术是一项融合了计算机技术、电、光、通信和互联网的综合性技术。使用自动识别技术让物品具备传递信息的功能，是连接物理世界和信息世界至关重要的一环，也是物联网所有上层结构的基础。

- **准备素材**

每五六个人为一组，现场采集同组同学的自拍照并将其呈现出来，从人脸结构特征、统计特征、大数据模型 3 种识别方法对学生面部进行分析，讨论人脸识别在生活中的应用实例，讨论人脸识别可能的发展趋势及应用领域。

- **案例展示**

刷脸支付是基于人工智能、机器视觉、3D 传感、大数据等技术实现的新型支付方式，具备更便捷、更安全、用户体验感好等优势。从 2014 年开始，百度、中国科学院重庆绿色智能技术研究院、蚂蚁集团、支付宝、微信等率先开启了刷脸支付的技术研发和商用探索。

1. 刷脸支付中人脸识别的模式

刷脸支付中人脸识别主要有以下两种模式。

① 机器读取身份证信息，云端解码身份证照片，闸机设备摄像头拍照，设备把摄像头拍的照片与从身份证读取的照片进行比对，从而达到核验的目的。

② 把人脸照片与小型本地人脸数据库比对，主要集中在保险 VIP 客户接待、银行 VIP 客户接待、公司门禁开锁等应用场景。

刷脸支付是 2013 年由芬兰某公司首次推出的创新型支付技术，我国在 2017 年推出刷脸解锁和刷脸支付以后广泛使用刷脸支付。刷脸支付使用了人工智能技术、云服务技术、双摄像头 3D 技术、结构光生物识别技术等。

2. 刷脸支付的构成条件

刷脸支付的构成条件如下。

① 硬件基础：红外双目摄像头或者 3D 结构光及深度相机的成熟使用。

② 通信基础：云平台的承载能力越来越强，"4G 加 Wi-Fi"的优良通信环境让云 SaaS（软件即服务）成为可能，为刷脸支付提供了平台和通信基础。

③ 数据基础：二代身份证数据库的搭建，为刷脸支付提供了数据基础。

④ 市场认识基础：生物识别包括对指纹、声纹、静脉、脸、虹膜等生物特性进行对比、识别，经过指纹支付后，人们对刷脸支付逐渐认同。

刷脸支付还存在弊端，经测试，如果使用软件后期修改的人脸照片进行脸部识别，可能会绕过网络实名认证系统。

总之，生物识别是未来发展的大趋势。随着人工智能技术的发展，刷脸支付将极大地加快支付速度，给我们节约更多时间，使我们的生活更丰富多彩。

任务 3.1 自动识别技术概述

人工智能对于人的思维模拟可以从两条"道路"进行：一是结构模拟，即仿照人脑的结构机制，制造出"类人脑"的机器；二是功能模拟，即暂时撇开人脑的内部结构，而从其过程进行模拟。不论通过哪种方式，人工智能都要进行学习，需要了解周围的环境，需要感知世界。人工智能需要各种各样的传感器，来完成"看""听"

"闻"等自动识别动作。

近年来，自动识别技术在全球范围内得到了迅猛发展，目前已经形成了包括条码识别、磁识别、光学字符识别、射频识别、生物识别及图像识别等集计算机、光、机电、通信技术为一体的高新技术。如今，自动识别技术已在我们日常生活中无处不在。人脸识别技术已被广泛应用于金融、司法、电力、教育、医疗等多个领域，"刷脸支付""门禁系统自动抬杆""指纹开锁""自适应巡航"等都是我们身边自动识别技术的具体运用。

3.1.1 自动识别技术的定义

自动识别技术可以自动采集数据、自动识别信息，并将其自动输入计算机，使人类得以对大量数据进行及时、准确的处理。人工智能技术的飞速发展，推动了自动识别技术的产生和发展。自动识别技术逐渐成为人工智能领域中重要的组成部分，并被广泛运用于人脸识别、指纹识别、医疗诊断等领域。

3.1.2 自动识别技术的原理

自动识别技术的基本工作原理并不复杂（此处以 RFID 为例进行介绍）：标签进入磁场后，接收解读器发出的射频信号，凭借感应电流获得的能量发送存储在芯片中的产品信息（无源标签或被动标签），或者主动发送某一频率的信号（有源标签或主动标签）；解读器读取并解码信息后，将其送至中央信息系统进行数据处理。完整的自动识别计算机管理系统包括自动识别系统（AIS）、应用程序接口（API）或者中间件和应用系统软件。

在一个信息系统中，自动识别技术能解决人工数据输入速度慢、误码率高、劳动强度大、简单工作重复性高等问题，能为计算机信息处理提供快速、准确采集和输入数据的有效手段。因此，自动识别技术作为一种革命性的技术，正迅速为人们所接受。

自动识别技术的发展

　　自动识别技术在国外发展较早也较快，尤其是发达国家具有较为先进和成熟的自动识别系统。我国在 2010 年左右实现了自动识别技术的产业化，初步形成了条码识别技术、生物识别技术、图像识别技术、磁卡识别技术、IC 卡识别技术、光学字符识别技术、射频识别技术等。二代身份证、火车机车管理系统、手机支付与近场通信等都是自动识别技术比较成功的大规模应用案例。

3.2.1　自动识别技术的发展阶段

　　自动识别技术自诞生以来，经历了以下 7 个阶段。

　　① 1940—1950 年：雷达的改进和应用催生了射频识别技术，1948 年科学家奠定了自动识别技术的理论基础。

　　② 1951—1960 年：早期自动识别技术的探索阶段，主要处于实验研究阶段。

　　③ 1961—1970 年：自动识别技术的理论得到发展，开始了一些应用尝试。

　　④ 1971—1980 年：自动识别技术与产品研发处于一个大发展时期，各种自动识别技术得到快速发展，出现了一些最早的自动识别应用。

　　⑤ 1981—1990 年：自动识别技术及产品进入商业应用阶段，各种规模的应用开始出现。

　　⑥ 1991—2000 年：自动识别技术标准化问题日趋得到重视，自动识别产品被广泛采用，并逐渐成为人们生活中的一部分。

　　⑦ 2000 年后：自动识别产品种类更加丰富，有源电子标签、无源电子标签及半无源电子标签均得到了发展，电子标签成本不断降低，规模应用行业扩大。

　　目前，自动识别技术发展很快，相关技术的产品正向多功能、远距离、小型化、软硬件并举、信息快速传递、安全可靠、经济适用等方向发展。

3.2.2 自动识别技术的发展趋势

自动识别技术从一维条码到条码，从纸质条码到特别材料条码，直到现在的RFID以及生物识别技术的进展，印证了一代自动识别到二代自动识别载体的变革过程，并形成了涉及光、机电、计算机等多种技术组合的高新技术体系。自动识别技术的发展趋势如下。

① 多种识别技术集成化。针对某种识别技术的缺陷，我们可以将指纹、虹膜数据集成在二维码和电子标签中，现场进行脱机认证，这样可以提高效率、降低联网成本、提升应用的安全性，实现一卡多用的功能。

② 与无线通信更紧密结合是自动识别技术的重要发展趋势。自动识别技术与无线局域网（WLAN）技术、蓝牙技术、数字蜂窝移动通信、通用分组无线业务、码分多址、全球定位系统、5G通信技术紧密结合，将进一步推动自动识别技术在各行业、各领域得到更广泛的应用。

③ 自动识别技术将应用于控制系统。随着人们对控制系统智能水平的要求越来越高，仅仅依靠测试技术已经不能满足需求，所以自动识别技术必须与控制技术、人工智能技术紧密结合。

④ 标准体系日趋完善。近年来，国际标准化组织（ISO）的技术委员会发布了多个条码识别技术码制标准、应用标准。射频识别技术的标准化工作在国际上正逐步从纷争走向规范。

近年来，自动识别技术在中国的发展成绩斐然，在多个领域取得了显著进展，从技术发展到产业应用已显现了广阔的前景。作为新一代信息技术的高度集成和综合运用，自动识别技术渗透性强、带动作用大、综合效益好的特点日益突出，成为我国现代化建设的重要工具之一，被广泛应用于物流信息化、企业供应链和社会信息化管理等方面，为我国整体信息化建设水平的提高、产品质量追溯等发挥了重要作用。

任务 3.3　自动识别技术的分类

自动识别技术是近几年比较火的一种技术，我们利用它能够替代很多人工的操作，并且能够做到更精准的识别。自动识别技术有很多类别，不同的自动识别技术分别被应用于不同的领域，其涵盖面非常广泛。

3.3.1　自动识别技术的类别

按照应用领域和具体特征的分类标准，自动识别技术可以被分为以下 7 种。

1．条码识别技术

（1）条形码

条形码（也称一维条码）是由平行排列的宽窄不同的线条和间隔组成的二进制编码。这些线条和间隔根据预定的方式进行排列，以此表示相应记号系统的数据项。这些宽窄不同的线条和间隔以及排列的次序可以被解释成数字或者字母。我们可以通过光学扫描设备对条形码进行阅读，例如超市扫码机就是根据黑色线条和白色间隔对扫描激光的不同反射来识别条形码。条形码如图 3.1 所示。

图 3.1　条形码

条形码的应用领域如下。

- 零售业。零售业是条形码应用最成熟的、最广泛的领域之一。欧洲商品编码（EAN）为零售业应用条形码销售奠定了基础。目前超市中的商品大多采用了

EAN 条形码。在销售时，销售员用扫描器扫描 EAN 条形码，销货点系统（POS）可从数据库中查找商品名称、价格等信息，并对客户购买的商品进行统计。

- 图书馆。条形码被广泛用于图书馆的图书管理、流通环节，图书和借阅证上都被贴上了条形码，借书人员借书时只需使用机器扫描借书证上的条形码，再扫描借出的图书上的条形码，相应的信息就被自动记录到数据库中。

- 仓储管理与物流跟踪。在大量物品流动的场合，使用条形码技术，可以快捷、准确地记录每一件物品。收集到的各种数据可实时由计算机进行处理，从而能准确、及时反映物品的当前状态。

- 质量跟踪管理。ISO9000 质量管理体系强调管理的可追溯性，即对于有质量问题的产品，应当可以追溯它的生产时间、操作者等信息。

（2）二维码

二维码是在条形码无法满足实际应用需求的情况下产生的。例如，受信息容量的限制，条形码包含的通常是对物品的标示，而不是对物品的描述。二维码能够在横向和纵向两个方向上同时表达信息，因此能在很小的面积内表达大量的信息。二维码如图 3.2 所示。

图 3.2 二维码

二维码应用领域如下。

- 信息（如名片、地图、Wi-Fi 密码、资料等）的获取。

- 网站的跳转。

- 广告的推送（用户扫码，直接浏览商家推送的视频、音频广告）。

- 手机电商（用户扫码，直接通过手机购物）。

- 防伪溯源（用户扫码即可查看生产地，后台可以获取最终消费地）。

- 优惠促销（用户扫码，下载电子优惠券或抽奖）。

- 会员管理（获取用户电子会员信息并提供服务）。

- 手机支付（用户扫描商品二维码，在手机端通过银行或第三方支付）。

- 账号登录（扫描二维码进行账号登录）。

2. 生物识别技术

生物识别技术是指通过获取、分析人体的物理和行为特征来实现身份的自动鉴别。

（1）生物特征分类

生物特征分为物理特征和行为特征两类。

① 物理特征包括指纹、掌形、眼睛（视网膜和虹膜）、人体气味、脸形、皮肤毛孔、手腕、手的血管纹理和 DNA 等。

② 行为特征包括签名、语音、步态等。

（2）生物识别技术的分类

① 声音识别技术。声音识别技术是一种非接触的识别技术，可以用声音命令来实现"不用手"的数据采集。声音识别技术的迅速发展，高效可靠的应用软件的开发，使声音识别技术在很多方面得到了应用。声音识别技术如图 3.3 所示。

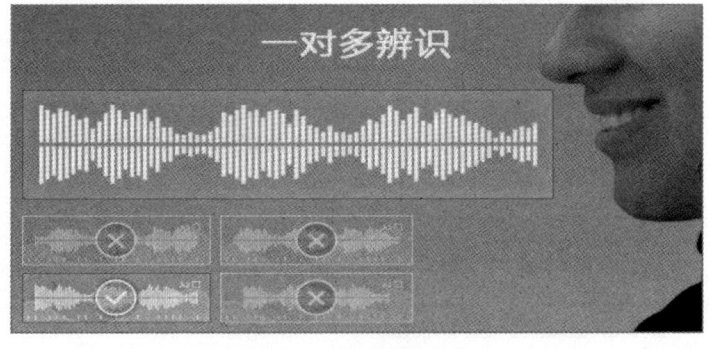

图 3.3 声音识别技术

② 人脸识别技术。人脸识别技术主要通过分析人脸视觉特征信息，进行身份鉴别。人脸识别技术是非常热门的计算机研究技术，可用于人脸追踪侦测（自动调整

影像大小）。它属于生物识别技术，可根据生物体（一般特指人）本身的生物特征进行区分。人脸识别技术如图 3.4 所示。

图 3.4　人脸识别技术

③ 指纹识别技术。指纹是指人的手指末端正面皮肤上凹凸不平的纹线。纹线的起点、终点、结合点和分叉点，称为指纹的细节特征点。

指纹识别技术是指通过比较不同指纹的细节特征点来进行自动识别。由于每个人的指纹都不相同，即使是同一个人的十指，其指纹也有非常明显的区别，所以指纹可用于身份的自动识别。指纹识别技术如图 3.5 所示。

图 3.5　指纹识别技术

（3）生物识别技术的应用领域

生物识别技术的应用领域如下。

- 单位考勤。

- 公共安检。

- 电子商务。

- 需要身份认证的细分行业。

3. 图像识别技术

在人类认知的过程中，各式各样的图形可以刺激人类的感觉器官，人们进而可以辨认图形，这个过程称为图像再认。

在信息化领域中，图像识别技术就是利用计算机系统对图像进行处理、分析和理解，来识别各种不同模式的目标和对象的技术。

图像识别技术的关键信息，既要有当时进入感官（输入计算机系统）的信息，也要有系统中存储的信息。只有将存储的信息与当时进入感官的信息进行比对，才能实现图像再认。图像识别技术如图 3.6 所示。

图 3.6 图像识别技术

图像识别技术的应用领域如下。

- 遥感图像识别。

- 刑事侦查。

- 生物医学。

- 智能机器人视觉。

4．磁卡识别技术

磁卡是一种磁记录介质卡片，出高强度、耐高温的塑料或纸质涂覆塑料制成，具有防潮、耐磨的特点，并且有一定的柔韧性，携带方便，使用起来较为稳定可靠。磁卡记录信息是靠改变磁的极性实现的，磁卡识别器可以分辨出磁卡内这种磁性变化。一部解码器可以识别磁性变化，并将它们转换为字母或数字的形式，这样就可以用计算机来处理这些信息。磁卡能够存储大量信息，磁卡上的信息可以被重写或更改。磁卡不能距离强磁场太近，否则卡内的数据会丢失。磁卡如图 3.7 所示。

图 3.7　磁卡

磁卡识别技术的应用领域如下。

- 金融。

- 零售服务。

- 社会安全。

- 交通。

- 医疗。

- 证件。

- 教育。

- 娱乐。

5. IC 卡识别技术

IC（集成电路）卡是继磁卡之后出现的又一种更先进的信息载体。IC 卡通过卡中的集成电路存储信息，采用相关读卡技术，就可以和 IC 卡的读卡器进行通信。IC 卡如图 3.8 所示。

图 3.8　IC 卡

（1）IC 卡的分类

按读取界面的不同，可以将 IC 卡分为以下两种。

① 接触式 IC 卡。这种卡通过 IC 卡读写设备的触点和 IC 卡的触点接触进行数据的读写。国际标准 ISO/IEC 7816 对此类卡的机械特性、电气特性等进行了严格的规定。接触式 IC 卡共有 3 种类型：存储卡或记忆卡，带有 CPU 的智能卡，带有显示器、键盘及 CPU 的超级智能卡。其优点是存储容量大、安全保密性强、携带方便。手机的 SIM 卡、USIM 卡都属于该类 IC 卡。

② 非接触式 IC 卡。这种卡与 IC 卡读取设备没有电路接触，通过非接触式的读写技术进行读写（例如光或无线技术）。卡内所嵌芯片除了 CPU、逻辑单元、存储单元以外，还增加了射频收发电路。国际标准 ISO/IEC 10536-1 对非接触式 IC 卡进行了相关的规定。该类卡一般用于使用比较频繁、信息量相对较少、可靠性要求比较高的场合。很多学校的饭卡、热水卡等都属于非接触式 IC 卡。

（2）IC 卡的应用领域

IC 卡的应用领域非常广泛，其中包括以下几个方面。

- 银行系统。

- 各行业的收费系统。

- 医疗保险系统。

- 公交管理系统。

- 卡电子门锁。

- 税务管理系统。

- 高速公路收费系统。

6. 光学字符识别技术

光学字符识别（OCR）技术属于图像识别的一项技术（因为 OCR 技术在文字资料识别方面有重要作用，所以此处单独介绍该技术）。

对于印刷体字符（如一本纸质书），我们可以利用光学的方式将文档资料转换成原始资料黑白点阵的图像文件，通过识别软件把图像中的文字转换成文本格式，以便文字处理软件进行进一步编辑、加工。

一个完整的 OCR 系统，从采集影像到输出结果，必须首先经过图像的输入、图像的预处理、文字特征的抽取、文字特征的比对识别，然后由人工校正识别错误的文字，最后输出结果。OCR 扫描笔如图 3.9 所示。

图 3.9　OCR 扫描笔

OCR 技术的应用领域如下。

- 识别证件。

- 识别银行卡。

- 识别车牌。

- 识别名片。

- 识别营业执照。

- 识别车辆识别代码（VIN）。

- 识别票据。

- 识别文档文字。

7．射频识别技术

射频识别（RFID）技术通过电磁波进行数据传递，是一种非接触式的自动识别技术。它通过射频信号自动识别目标并获取相关数据，识别工作不需要人工干预，可以应用于各种恶劣环境。与条码识别技术、磁卡识别技术、IC 卡识别技术等相比，RFID 技术具有不需要接触、抗干扰能力强、可以同时识别多个物品等优点，逐渐成为自动识别技术中比较先进和应用广泛的技术之一。

一套完整的 RFID 技术系统，由阅读器、电子标签（应答器）和应用软件系统 3 个部分组成。它的工作原理是由阅读器发射特定频率的无线电波，驱动电路将内部数据送出，电子标签按照顺序接收和解读数据，将数据发送给应用软件进行相应的处理。

（1）RFID 产品的类型

RFID 产品主要有以下三大类型。

① 无源 RFID 产品。这类产品需要近距离接触识别，如饭卡、银行卡、公交卡和身份证等。无源 RFID 产品的工作频率有低频 125kHz、高频 13.56MHz、超高频 433MHz 等。此类产品在生活中比较常见，也是发展比较早的产品，如无源电子标签，如图 3.10 所示。

② 有源 RFID 产品。此类产品具有远距离自动识别的特性，所以被用到无人看守的智能停车场、智慧城市、智慧交通及物联网等领域。有源 RFID 产品的主要工作频率有微波 2.45GHz 和 5.8GHz、超高频 433MHz。高速 ETC 就是典型的有源 RFID 产品，如图 3.11 所示。

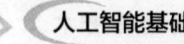
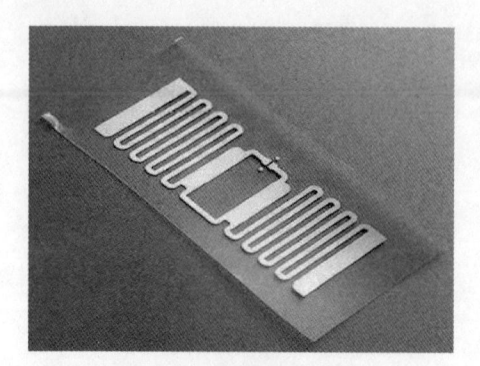

图 3.10　无源电子标签

图 3.11　高速 ETC

③ 半有源 RFID 产品。半有源 RFID 产品就是有源 RFID 产品和无源 RFID 产品的结合。它结合前两者的优点，可在低频 125kHz 频率的触发下，让微波 2.45GHz 发挥作用，解决了有源 RFID 产品和无源 RFID 产品不能解决的问题。该类产品可以近距离激活定位、远距离传输数据，在门禁出入管理、区域定位管理、安防报警等方面均有应用。2.4GHz 钥匙扣电子标签就是典型的半有源 RFID 产品，如图 3.12 所示。

图 3.12　2.4GHz 钥匙扣电子标签

（2）RFID 技术的应用领域

RFID 技术的应用领域如下。

① 仓库管理/运输管理/物资管理：给货物嵌入 RFID 芯片，用读写器自动采集货物的存放情况以及物流的相关信息，管理人员可以在管理系统中迅速查询货物信息。RFID 技术可以降低货物被丢弃或者被盗的风险，也可以提高货物的交接速度，还可以用于防伪和防止窜货。

② 固定资产管理：图书馆、艺术馆及博物馆等资产庞大或者存放贵重物品的场所，需要有完整的管理程序和严谨的保护措施。当书籍或者贵重物品的存放信息有异常变动时，系统会及时提醒管理员，管理人员可以及时处理相关情况。

③ 识别车辆信息：我国铁路的车辆调度系统就是一个很典型的 RFID 应用案例，它能自动识别车辆号码、输入信息，省去了大量人工统计的时间，提高了精准度。

④ 医疗信息追踪：病例的追踪、废弃物品的追踪、药品的追踪等都是提高医院服务水平和效率的好方法。

3.3.2 自动识别技术之传感器

要想获取大量人类感官无法直接获取的信息，需要有相应的传感器。物联网中的传感器，为感知物质世界提供了更多的、有意义的渠道，从而让人工智能真正"活了过来"。传感器让人工智能用"眼"去观察世界，用"耳朵"去倾听世界，给予人工智能"对事物的敏锐触觉"。在许多方面，传感器都赋予了人工智能"超人"的能力。常见的传感器有哪些呢？下面介绍常用的传感器。

1. 超声波传感器

超声波传感器是把超声波信号转换成其他能量信号（通常是电信号）的传感器。超声波传感器被广泛应用在工业、国防、生物医学等领域。在人工智能技术中，超声波传感器主要应用于倒车雷达，如图 3.13 所示。

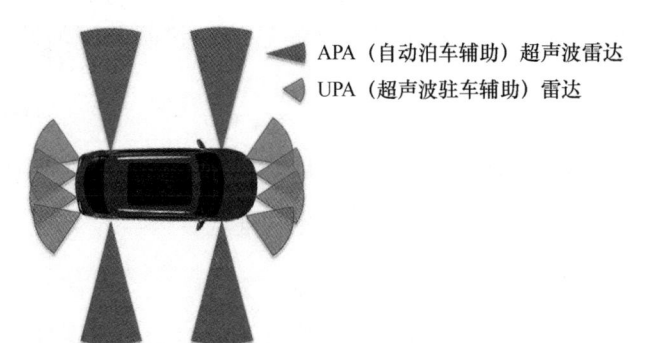

图 3.13　倒车雷达

2. 温/湿度传感器

温/湿度传感器是一种装有热敏和湿敏元器件，用于测量温度和湿度的传感器。温/湿度传感器有的有现场显示功能，有的没有现场显示功能。温/湿度传感器具有体积小、性能稳定等特点，被广泛应用在档案管理、温室大棚种植、动物养殖、工业控制等方面。温/湿度传感器如图 3.14 所示。

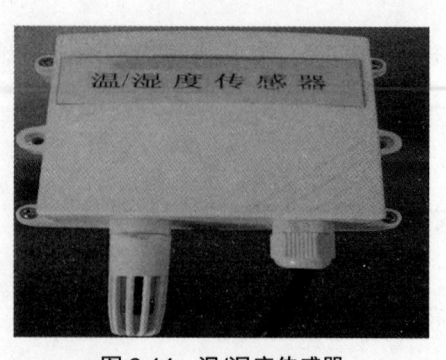

图 3.14　温/湿度传感器

3．红外传感器

红外传感器是一种能够探测目标辐射的红外线，利用红外线的物理特性进行测量的传感器。按探测原理，可将红外传感器分成为光子探测器和热探测器。光子探测器是利用外光电效应或内光电效应制成的辐射探测器，也称光电探测器。探测器中的电子直接吸收光子的能量，使运动状态发生变化而产生电信号，常用于探测红外辐射和可见光。热探测器的工作原理：探测元器件吸收入射的红外辐射能量而引起温升，热探测器在此基础上借助各种物理效应把温升转变成电量。

红外传感系统是以红外线为介质的测量系统，按照不同的功能可以被分成以下几类。

① 辐射计量系统，可以进行辐射和光谱测量。

② 搜索和跟踪系统，可以用于搜索和跟踪红外目标，确定其空间位置并对它的运动进行跟踪。

③ 热成像系统，可以用于生成整个目标红外辐射的分布图像。

④ 红外测距系统，被广泛用于水利、矿山、城市规划。

⑤ 红外通信系统，通过红外线传输数据，电视等家电的遥控器就是利用红外线向家电传输数据的。

⑥ 混合系统，是指以上各类系统中的两个或者多个的组合。

4．雨滴传感器

雨滴传感器主要用于检测是否下雨以及雨量的大小，被广泛应用于汽车自动雨刮系统、智能灯光系统和智能天窗系统等。汽车在阴雨天或下雪天行驶时，车窗会被雨滴、雪片遮盖，遮挡驾驶员的视线，影响行车安全。现在很多汽车都配备了自动雨刮系统，其中的雨滴传感器可以检测雨量，并利用控制器转换检测出的信号，根据转换后的信号设定雨刮器的间歇时间。

5．火焰传感器

火焰传感器是智能机器人专门用于搜寻火源的传感器，可以用于检测光线的亮度，只不过火焰传感器对火焰的感应更加灵敏。火焰传感器利用红外线对火焰非常敏感的特点，使用特制的红外线接收管来检测火焰，然后把火焰的亮度转化为高低变化的电信号，将电信号输入中央处理器，中央处理器根据电信号的变化进行相应的程序处理。

6．声音传感器

声音传感器的作用相当于一个话筒（麦克风）。它用于接收声波，显示声音的振动图像，但是不能对噪声的强度进行测量。声音传感器内有一个对声音敏感的电容式的驻极体话筒。声波会使话筒内的驻极体薄膜振动，从而导致电容发生变化，进而产生与变化对应的微小电压。该电压随后被转化成 0.5V 的电压，经过 A/DC（模数转换）后，把数据传送给数据采集器，最终数据采集器再把数据传送给计算机系统进行处理。声音传感器主要用于声控模块。

7．气体传感器

气体传感器是将某种气体体积分数转化成对应电信号的转换器。探测头通过气体传感器对气体样品进行分析、处理，反馈数据。气体传感器可以将气体的成分、浓度等信息转换成可以被人类、仪器仪表、计算机利用的信息。

常见的气体传感器有烟雾气敏传感器、甲烷传感器、液化气传感器、异丁烷传感器、一氧化碳传感器、氢气传感器、空气质量检测传感器等。

气体传感器主要用于建设环境物联网，在有毒、可燃、易爆、二氧化碳等气体探测领域有着广泛的应用。高性能的气体传感器能大大提高信息采集、处理、深加工水平，提高实时预测事故的准确度，不断消除事故隐患。气体传感器能有效实现安全监察和安全生产监督管理的电子化，变被动救灾为主动防灾，使安全生产向科学化管理迈进。自动喷淋灭火系统如图 3.15 所示。

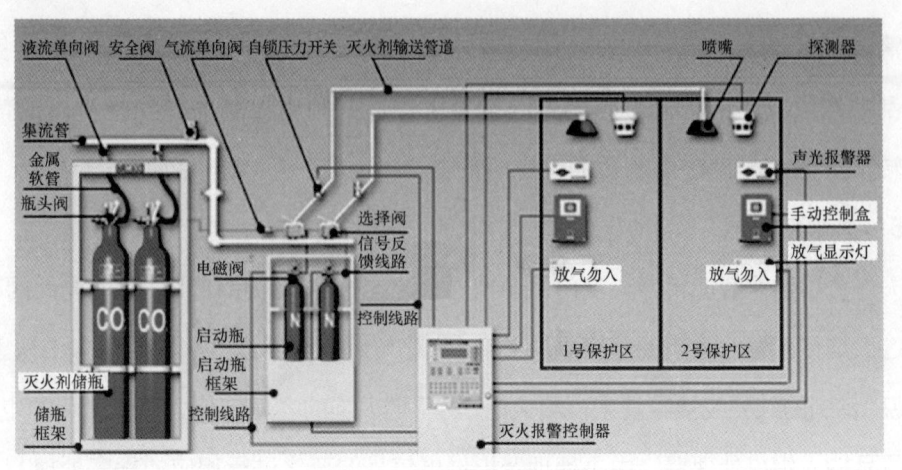

液流单向阀 安全阀 气流单向阀 自锁压力开关 灭火剂输送管道　　　　　喷嘴　　探测器

集流管
金属软管
瓶头阀
选择阀
信号反馈线路
电磁阀
控制线路
启动瓶
启动瓶框架
灭火剂储瓶
控制线路
储瓶框架
声光报警器
手动控制盒
放气显示灯
放气勿入　　放气勿入
1号保护区　　2号保护区
灭火报警控制器

图 3.15　自动喷淋灭火系统

8. 亮度传感器

亮度传感器（光线传感器）是指可以感受光亮度并且将光转换成可用信号的传感器，常用于检测周围环境的亮度。亮度传感器被广泛应用于现代的科技，如农业生产、城市照明等。亮度传感器将获取的数据传送至控制器，由控制器传送控制命令，以达到自动化的目的。另外，我们使用的智能手机也普遍配置了亮度传感器，例如在光线充足的地方，屏幕会更亮，反之屏幕会较暗（与屏幕亮度的设置也有关系），这样既保护了眼睛又节省了手机的电量。

除了以上介绍的传感器，还有很多各种各样的传感器。传感器早已被应用到工业生产、海洋探测、环境保护、资源调查、医学诊断、生物工程甚至文物保护等领域。传感器技术在发展经济、推动社会进步方面的重要作用十分明显，世界各国都十分重视这一技术的发展。相信在不久的将来，传感器技术将会出现质的飞跃。

课中实训

实训一　无人驾驶小车避障

姓名：＿＿＿＿＿＿＿＿　学号：＿＿＿＿＿＿＿＿　时间：＿＿＿＿＿＿＿＿

系（部）：＿＿＿＿＿＿　专业：＿＿＿＿＿＿＿＿　班级：＿＿＿＿＿＿＿

同学们利用可编程的无人驾驶小车组件，组装出四轮避障小车。我们将利用系统程序、机器人控制器，依靠多传感器融合技术，结合逻辑判断算法对无人驾驶小车进行实时调控，监测小车的运行状态，使无人驾驶小车能够自主探路、自主选择行进路线，完成自主避障的任务。

红外传感器作为避障的主要传感器，其优点是对近距离障碍物的反应速度比较灵敏，不同方位的传感器之间传送信号无干扰。本次实训不要求轮子实现转弯功能，因此车子转弯时，需要依靠左右两侧轮子的不同转速来实现。右转时，左侧轮子的速度要比右侧轮子快；左转时，右侧轮子的速度要比左侧轮子快。另外需要注意的是，一定要控制好轮子的转速，防止轮胎打滑造成轮子转动不同步。

在该实训实施前，同学们按五六人分为一组，每组成员推荐 1 名组长。在组长的带领下，小组成员紧密配合，共同完成该实训，并在实训结束时，开展小组"比武"。本文实训的目的在于培养学生的团队意识、集体荣誉感，提升学生的职业素养。

1. 流程图

当前方没有障碍物时，智能小车一直处于前进状态。当正前方有障碍物时，智能小车后退 1s，左轮或者右轮加速 3s，继续前进；当左侧有障碍物时，智能小车右转避障，左轮加速 1s；当右侧有障碍物时，智能小车左转避障，右轮加速 1s。流程图示例如图 3.16 所示。

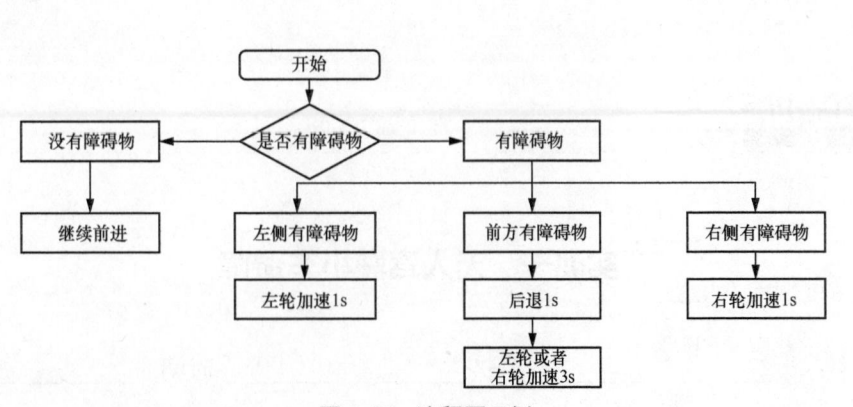

图 3.16　流程图示例

2. 程序设计及实施

根据流程图示例进行相应的编程。编写完程序，把程序复制到控制器，进行智能小车的避障检测，如果发现问题需要及时修改。

实训二　传感器的应用

姓名：_____ 学号：_____ 时间：_____

系（部）：_____ 专业：_____ 班级：_____

设计楼道内的照明灯及道路路灯。

① 功能要求：楼道内照明灯在白天是熄灭状态，在晚上可以由声音控制开关，并且打开后 1 分钟自动熄灭。路灯白天是熄灭状态，晚上自动打开。

② 所需器材：声控开关、光控开关、导线若干、电源、灯泡。（我们也可以自行添加所需器材）

③ 请写出设计思路，画出简要设计图。

_____

_____

_____

_____

_____

_____

_____

_____

_____

_____

_____

_____

_____

_____

_____

_____

课后提升

案例 "扫一扫"背后的秘密

姓名：_____ 学号：_____ 时间：_____

系（部）：_____ 专业：_____ 班级：_____

"手机充满电，兜里不装钱。"坐公交扫一扫，骑共享单车扫一扫，加微信群扫一扫，买单扫一扫，登录账号扫一扫。"扫一扫"改变了我们的生活，使我们的生活变得越来越方便、工作越来越高效。那我们扫的二维码究竟是什么？它背后究竟藏着什么秘密？下面就让我们详细介绍一下二维码。

二维码按一定规律在平面（二维方向）上分布黑白相间的图形来记录数据符号信息。二维码的名称是相对一维码来说的，例如以前的条形码就是"一维码"。二维码的优点：二维码存储的数据量更大，可以包含数字、字符及中文文本等混合内容，有一定的容错性（二维码的部分损坏后仍可以被正常读取），空间利用率高。

二维码常用的码制有 Data Matrix、Maxi Code、Aztec、QR Code(QR 码)、Vericode、PDF417、Ultracode、Code 49、Code 16K 等。

1. 堆叠式二维码

堆叠式二维码又称行排式二维码，有 Code 16K、Code 49、PDF417。堆叠式二维码如图 3.17 所示。

图 3.17　堆叠式二维码

2．矩阵式二维码

使用最多的矩阵式二维码就是 QR 码。

QR 码能够快速被读取。与条形码相比，QR 码可以存储更丰富的信息，而且可以对文字、统一资源定位符和其他类型的数据加密。QR 码是日本电装集团于 1994 年发明的。1999 年 1 月，日本工业标准调查会（JISC）发布了 QR 码的标准 JIS X 0510，而其对应的国际标准 ISO/IEC 18004:2000，则是在 2000 年 6 月获得批准的。QR 码是一种开放式的标准。除了标准的 QR 码外，还存在一种称为"微型 QR 码"的格式，其是标准 QR 码的缩小版本，主要针对无法扫描尺寸较大的二维码的应用而设计。微型 QR 码同样有多种标准，最高可存储 35 个数字。

QR 码不再使用线性扫描的方式工作，而是使用红外光增强的摄像头工作，直接识别镜头拍摄到的 QR 码图像，因此对反射角度的要求降低了。二维码扫描器甚至可以对液晶屏幕上显示的条码进行"扫描"识别，因此可以直接扫描手机、显示器、投影屏幕上显示的条码。

QR 码呈正方形，在 4 个角落的其中 3 个，印有较小的像"回"字的图案。这 3 个是帮助解码软件定位的图案，使用者不需要顾及方向，无论以什么角度扫描，都可以正确读取信息。QR 码如图 3.18 所示。

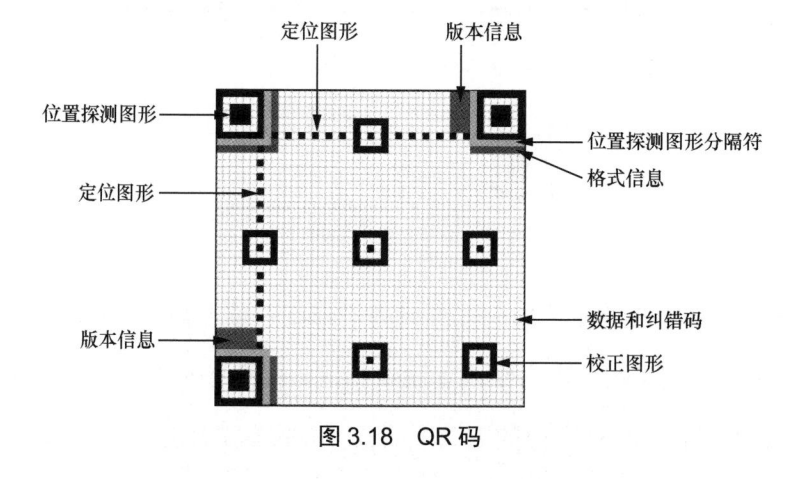

图 3.18　QR 码

常见的 QR 码由两个部分组成：功能图形和编码区域。功能图形的作用是定位和校正图形，编码区域用于存放数据信息、纠错信息和版本信息。

功能图形包括位置探测图形、位置探测图形分隔符、定位图形、校正图形。

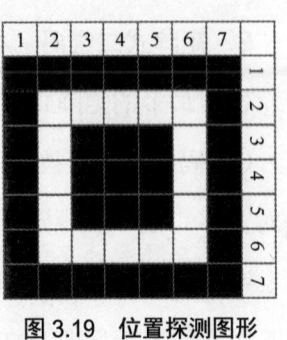

位置探测图形：位于二维码的左上角、右上角和左下角。位置探测图形很像"回"字，由 7*7 个模块的正方形组成。位置探测图形如图 3.19 所示。

图 3.19 位置探测图形

位置探测图形分隔符：在位置探测图形与编码区域之间的 1 条宽度为 1 个模块的分割图形，用于识别位置探测图形。每个位置探测图形周围都有位置探测图形分隔符。

定位图形：有两条，分别水平、垂直于位置探测图形，由深浅模块交替组成。它们的主要作用是提供模块坐标的基准位置，确定模块的密度和二维码的版本。定位图形如图 3.20 所示。

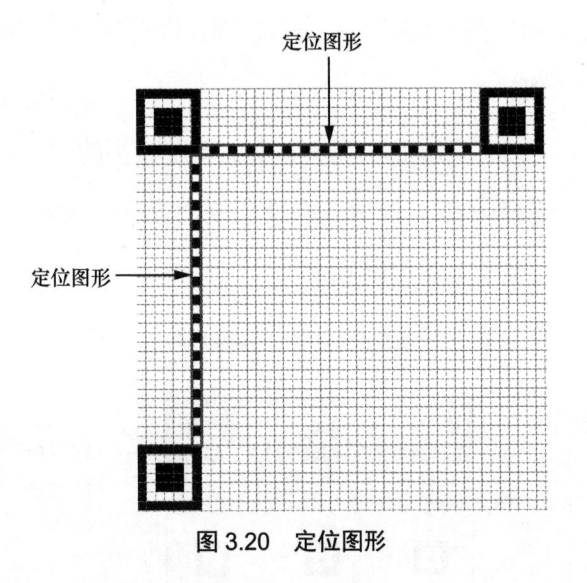

图 3.20 定位图形

校正图形：由 5*5 个模块的正方形组成，形状与位置探测图形相似，但是所占面积要小。它的主要作用是当二维码出现缺损时，提供图像模块的坐标映像。但是不同的 QR 版本包含的校正图形的数量不同。例如版本 1 没有校正图形，而版本 2～6 只有 1 个校正图形，版本 15 则有 13 个校正图形，基本规律就是版本越高校正图形数量越多。校正图形如图 3.21 所示。

图 3.21　校正图形

编码区域包括以下内容。

- 格式信息：用于存放掩模信息和纠错等级，如图 3.18 所示。

- 版本信息：由两个 6*3 的模块区域组成，如图 3.18 所示。

- 数据和纠错码：用于填充数据级纠错码，如图 3.18 所示。

QR 码可以存储上千个字符，具体的存储容量和 QR 码版本有关，版本越新，容量就越大。版本 1 可以存储 10 个汉字、25 个字符，或者 41 个纯数字；而版本 40 能存储 1817 个汉字、4296 个英文字母，或者 7089 个数字。字符类型与 QR 码资料容量见表 3.1。

表 3.1　字符类型与 QR 码资料容量

字符类型	QR 码资料容量
数字	最多 7089 个数字
英文字母	最多 4296 个字母
二进制数	最多 2953 个字节
日文字符	1817 个字符（采用 Shift_JIS，日本计算机系统常用的编码表）
中文字符	最多 984 个字符（采用 UTF-8 编码）或最多 1817 个汉字（采用大五码标准）

不同版本的二维码模块个数是不同的。例如，版本 1 是 21*21 个模块，而版本 2 是 25*25 个模块。版本与模块个数的变化规律是，后面的版本比前一个版本在长、宽上各增加 4 个模块，版本 40 是 177*177 个模块。版本 1 的二维码模块如图 3.22 所示。

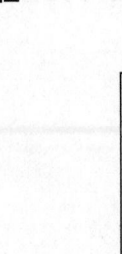

图 3.22　版本 1 的二维码模块

QR 码简要的编码过程如下。

（1）数据分析

确定编码的字符类型，按相应的字符集将数据转换成符号字符，选择纠错等级。在规格一定的条件下，纠错等级越高其真实数据的容量越小。

（2）数据编码

将符号字符转换为位流，每 8 位构成一个码字，整体构成一个数据的码字序列。知道这个数据码字序列就知道了二维码的数据内容。

可以按照一种模式对数据进行编码，以便进行更高效的解码。例如，对数据 01234567 进行编码（QR 码版本为 1-H）。

① 将数据分组：012 345 67。

② 将数据转成二进制数：012 → 0000001100；

345 → 0101011001；

67 → 1000011。

③ 将二进制数转成码字序列：0000001100 0101011001 1000011。

④ 将字符个数转换成二进制数：8 → 0000001000。

⑤ 添加模式对应的指示符。本例的模式对应的指示符为 0001。在码字序列前添加 0001，因此码字序列变为 0001 0000001000 0000001100 0101011001 1000011。对字母、中文、日文等数据进行编码，只是分组的方式、指示符等有所区别，基本方法是一致的。模式与指示符见表 3.2。

表 3.2　模式与指示符

模式	指示符
ECI	0111
数字	0001
字母数字	0010
8 位字节	0100
日文字符	1000
中文字符	1101
结构链接	0011
FNC1	0101（第一位置） 1001（第二位置）
终止符（信息结尾）	0000

（3）纠错编码

按需要将码字序列分块，并根据纠错等级和分块的码字，产生纠错码字，并把纠错码字加入码字序列，生成一个新的序列。

在二维码版本和纠错等级确定的情况下，其实容纳的码字总数和纠错码字数也就确定了。例如，版本为 10，纠错等级为 H 时，能容纳 346 个码字，其中有 224 个纠错码字，也就是说，在二维码区域中大约 1/3 的码字是冗余的。这 224 个纠错码字能够纠正 122 个替代错误（如黑白颠倒）或者 224 个数据读取错误（无法读到或者无法译码），这样纠错容量为 122/346×100%≈35.3%。容错级别和容错率见表 3.3。

表 3.3　容错级别和容错率

容错级别	容错率
低级别	7%的码字可被修正
中级别	15%的码字可被修正
较高级别（四分位）	25%的码字可被修正
高级别	30%的码字可被修正

纠错编码的具体作用就是，QR 码被污损或者被遮挡后，依然有机会被识别。容错级别越高，抗破损或者抗遮挡的能力就越强。但是需要注意的是，高容错级别会

导致二维码点阵密度增大，扫码识别的速度也就变慢了。

（4）构造最终数据信息

在版本确定的条件下，将前面步骤产生的序列按次序放入分块。

按规定把数据分块，然后计算每一块数据，得出相应的纠错码字区块。按顺序把纠错码字区块排成一个序列，并将该序列添加到原先的数据码字序列后面，效果如图 3.23 所示。

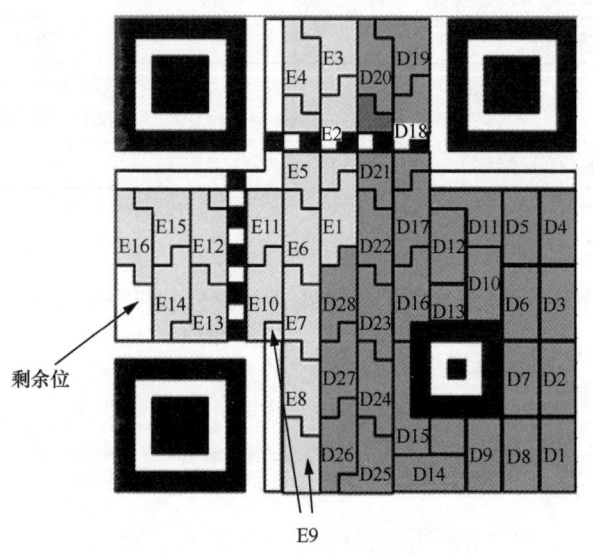

图 3.23　构造最终数据信息

（5）掩模

掩模是指将掩模图形放在符号的编码区域，使二维码图形中的深色和浅色（黑色和白色）区域能够以最优比例分布。

（6）放入生成的格式和版本信息

将生成的格式和版本信息放入相应区域。

版本信息共 18 位，为 6×3 的矩阵，其中前 6 位是数据位（如版本号 8，其数据位的信息是 001000），后 12 位是纠错位。

QR 码可以很"方便"地应用于各种场合。除了传单和名片等印刷物外，还可以应用于各种领域，如结算系统等与生活息息相关的领域。QR 码已经成为日常生活中不可或缺的工具。

什么是 QR 码？QR 码有什么特点？打开微信中的二维码名片，尝试找出该二维码的版本信息。

课后练习

习 题

一、单选题

1. QR 码是由（ ）发明的。

A. 微软公司　　　　　　　　　　B. 日本电装集团

C. 金山公司　　　　　　　　　　D. 日立公司

2. 物联网中非常重要的技术就是（ ）。

A. 追踪技术　　　　　　　　　　B. 自动追踪技术

C. 识别技术　　　　　　　　　　D. 自动识别技术

3. 声音传感器的作用相当于一个（ ）。

A. 音响　　　　B. 话筒　　　　C. 解码器　　　　D. 识别器

4. 刷脸支付是 2013 年由（ ）某公司首次推出的创新型支付技术。

A. 美国　　　　B. 日本　　　　C. 德国　　　　D. 芬兰

5. IC 卡通过卡中的集成电路存储信息，采用（ ）与支持 IC 卡的读卡器进行通信。

A. 存储技术　　　B. 射频技术　　　C. 解码技术　　　D. 编码技术

二、多选题

1. 自动识别技术是将信息数据（ ）计算机的重要方法和手段，它是以计算机技术和通信技术为基础的综合性科学技术。

A. 自动存储　　　B. 自动解码　　　C. 自动识别　　　D. 自动输入

2. 自动识别技术的产品正向多功能、（ ）、安全可靠、经济适用等方向发展。

A. 远距离　　　B. 小型化　　　C. 软硬件并举　　　D. 信息传递快速

3. 生物特征分为物理特征和行为特点两类。以下属于行为特征的有（ ）。

A. 签名　　　　B. 语音　　　　C. 脸型　　　　D. 掌形

4．接触式 IC 卡的类型有（　　　）。

A．存储卡或记忆卡　　　　　　　B．带有 CPU 的智能卡

C．带有显示器、键盘的超级智能卡　D．带有 CPU 的超级智能卡

5．一套完整的 RFID 技术系统，是由（　　　）3 个部分组成的。

A．阅读器　　　　B．解码器　　　　C．电子标签　　　D．应用软件系统

三、判断题

1．刷脸支付的安全性达到了 100%。　　　　　　　　　　　　（　　　）

2．条形码就是一个"一维码"。　　　　　　　　　　　　　　（　　　）

3．红外传感器的优点是对远距离的障碍物反应速度比较灵敏。　（　　　）

4．火焰传感器是机器人专门用于搜寻亮度的传感器。　　　　　（　　　）

5．气体传感器是一种将某种气体体积分数转化成对应电信号的转换器。（　　　）

四、简答题

1．自动识别技术的发展趋势是什么？

_____

_____

_____

_____

2．红外传感系统是以红外线为介质的测量系统，按照功能能够分为哪几类？

_____

_____

_____

_____

3．刷脸支付的构成条件有哪些？

_____

_____

_____

_____

4．RFID 产品的主要类型有哪些？

_____

_____

_____

_____

5．无人驾驶小车避障的实验原理是什么？

_____

_____

_____

_____

项目四

人工智能之 Python 语言

Python、Java、C 语言是当下最火热的编程语言之一。对于还未曾涉足计算机编程的计算机"小白"来说，Python 是一门可以学习和掌握的语言。因为 Python 的包装能力、可组合性、可嵌入性都很好，所以编程人员可以把各种复杂内容包装在 Python 模块中。与其他语言相比，Python 有简便、直观且通俗易懂的优势。Python 在人工智能领域的应用非常广泛，如 Web 开发、大数据处理、云计算、人工智能、自然语言处理、办公自动化、数据库编程、自动化运维开发、游戏开发等。学好 Python 就等于掌握了一个人工智能的自动化领域，学生能够获得一个全新的人工智能体验，发散科技创新思维，培养家国情怀和工匠精神。

项目要求

- 知识目标

了解 Python 语言的特点及语法规则，掌握 Python 语言的基本运算符和表达式。

- 技能目标

能够独立完成 Python 软件的安装与配置，熟练掌握 Python 软件的使用。

- 素质教育目标

从课程内容实现知识迁移，提升学生积极思考、严谨创新的能力。激发学生对编程的兴趣，克服畏难心理，培养自信心。紧跟科学发展前沿，从优秀历史文化中挖掘思政案例，传承优秀历史文化，树立学生的文化自信、制度自信。

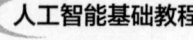

课前自学

思维导图 ◄◄◄

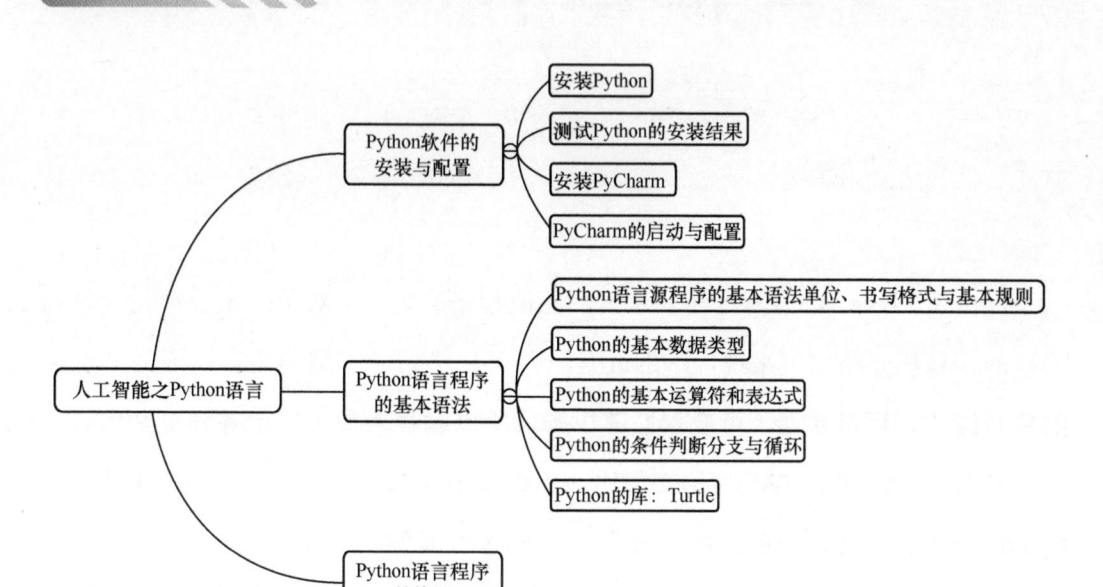

- **知识衔接**

人工智能作为我们日常生活中不可缺少的一部分，已经被广泛应用到几百种实际场景中，给人们的生活和工作带来了极大的便利。近年来，各领域的蓬勃发展离不开底层编程语言的改进。Python 语言具备强大的开放性，拥有优质的文档，以及丰富的机器学习库、人工智能库、自然语言和文本处理库，能够满足人工智能领域中的大部分需求。因此，人工智能领域的诸多系统都是使用 Python 开发的。

- **准备素材**

学生按五六人分为一组，每人说出自己对 Python 语言的理解，并讨论在生活中哪些地方会用到 Python。

- **案例展示**

学生课前查阅资料，自行学习关于 Python 的相关知识，对 Python 语言有大致的了解，激发学习兴趣。课程的考核方式以在课堂上展示 PPT 的形式进行，学生要将所学内容应用到实际的案例中。

任务 4.1 　 Python 软件的安装与配置

Python 是一个解释型高级计算机语言。所谓解释型，是指对于用 Python 编写的程序，计算机不是预先将其编译成机器代码，而是在执行时逐条翻译并逐条执行。与编译型语言相比，解释型语言的执行速度会慢一些，但是更方便、快捷。Python 语言的语法简洁、优雅且使用方便，受到很多人的喜爱，已经发展成为使用最广泛的计算机语言之一。

4.1.1　安装 Python

从 Python 官网下载最新版本的 Python 3 安装包，具体步骤如下。

① 打开 Python 官网首页，如图 4.1 所示。

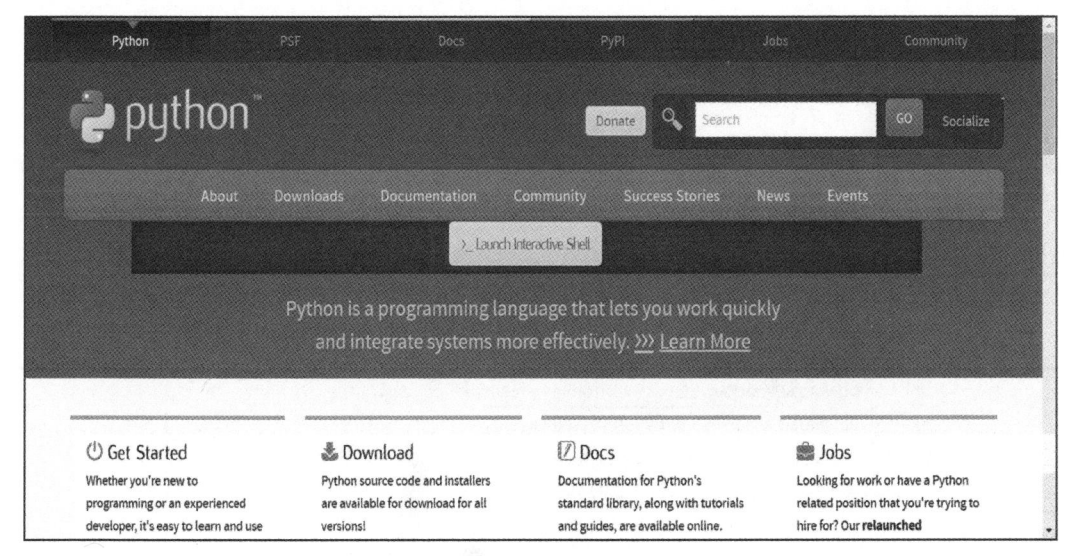

图 4.1　Python 官网首页

② 单击"Downloads"（下载）按钮，即可进入下载页面，如图 4.2 所示。注意由于 Python 的版本不断更新，初学者并不需要刻意区分每个版本的差别，只需掌握

一些常用语法的使用方法，选择稳定版本下载。不推荐下载测试版本的 Python，本书以 Python 3.9.0 为例。

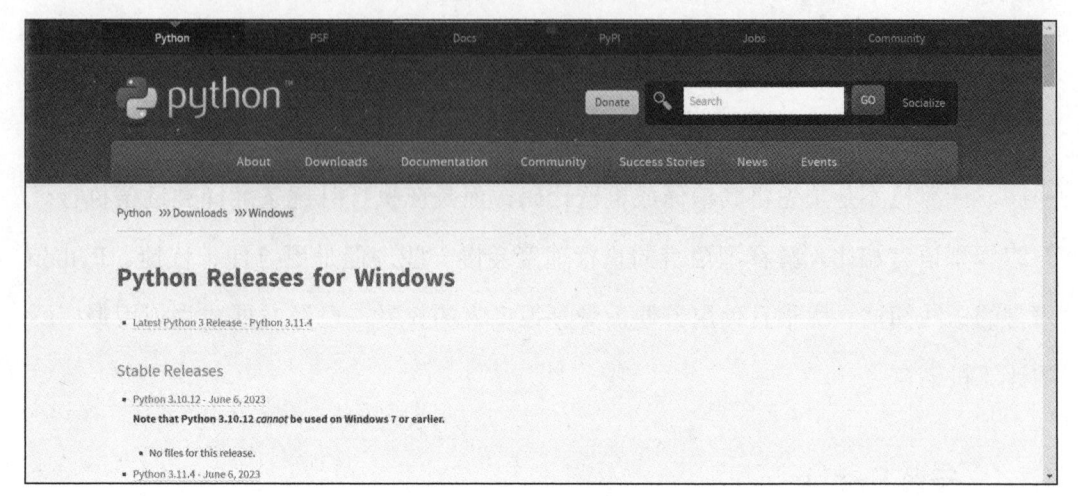

图 4.2　Python 官网下载页面

③ 在图 4.2 所示的页面中，向下拖动滚动条找到文件列表中类似"Windows x86-64 executable installer"字样的下载超链接，这是常用的 64 位操作系统对应的安装包可执行文件的下载链接，如图 4.3 所示。当然这要求计算机安装的 Windows 7/8/10 操作系统本身是 64 位的，如果是 32 位的操作系统，那么只能下载 32 位版本的 Python 安装包。

- Python 3.9.0 - Oct. 5, 2020
  Note that Python 3.9.0 *cannot* **be used on Windows 7 or earlier.**

  - Download Windows help file
  - Download Windows x86-64 embeddable zip file
  - Download Windows x86-64 executable installer
  - Download Windows x86-64 web-based installer
  - Download Windows x86 embeddable zip file
  - Download Windows x86 executable installer
  - Download Windows x86 web-based installer

图 4.3　Python 官网下载页面的文件列表

④ 单击下载超链接，将安装包下载到本地计算机上。在下载文件中找到安装包并双击运行，会进入图 4.4 所示的 Python 安装初始界面。

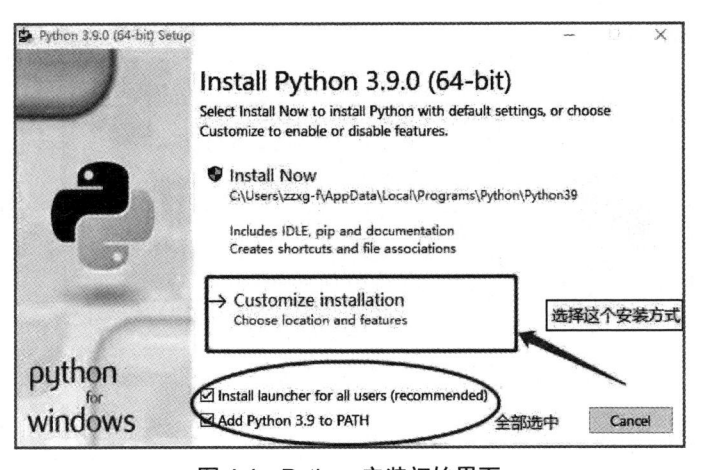

图 4.4　Python 安装初始界面

⑤ 在图 4.4 所示的界面中选择"Customize installation"选项，同时选中"Install launcher for all users (recommended)"与"Add Python 3.9 to PATH"两个选项，然后单击"Cancel"按钮，进行个性化安装，进入图 4.5 所示的界面。

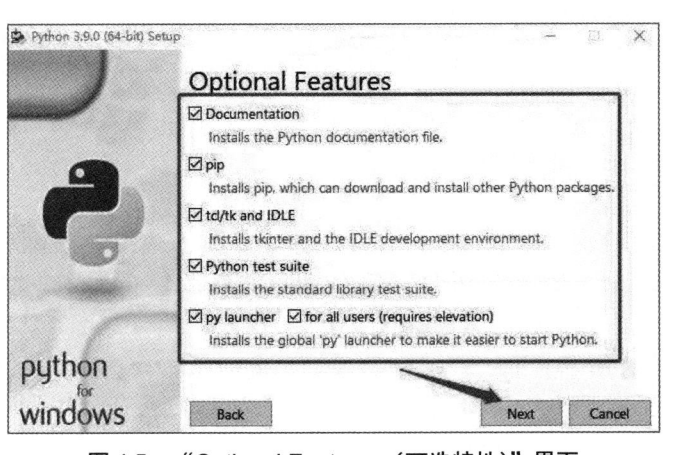

图 4.5　"Optional Features（可选特性）"界面

⑥ 在图 4.5 所示的界面中，选中所有复选框，然后单击"Next"按钮，进入下一个界面，如图 4.6 所示。

⑦ 在图 4.6 所示的界面中，在"Customize install location"下方选择安装位置，本处选择安装在"D:\Program Files\Python39"目录下。注意，一定要勾选该界面中的"Add Python to environment variables"复选框，其他几个复选框建议按图 4.6 选择。然后单击"Install"按钮，等待 Python 的安装，如图 4.7 所示。

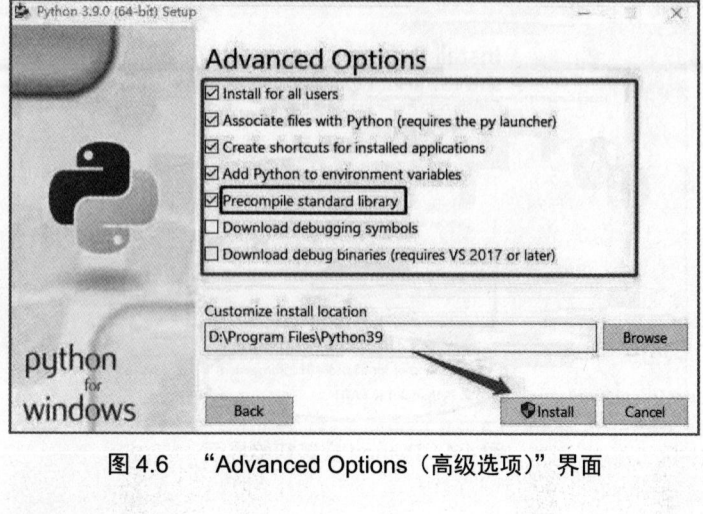

图 4.6 "Advanced Options（高级选项）"界面

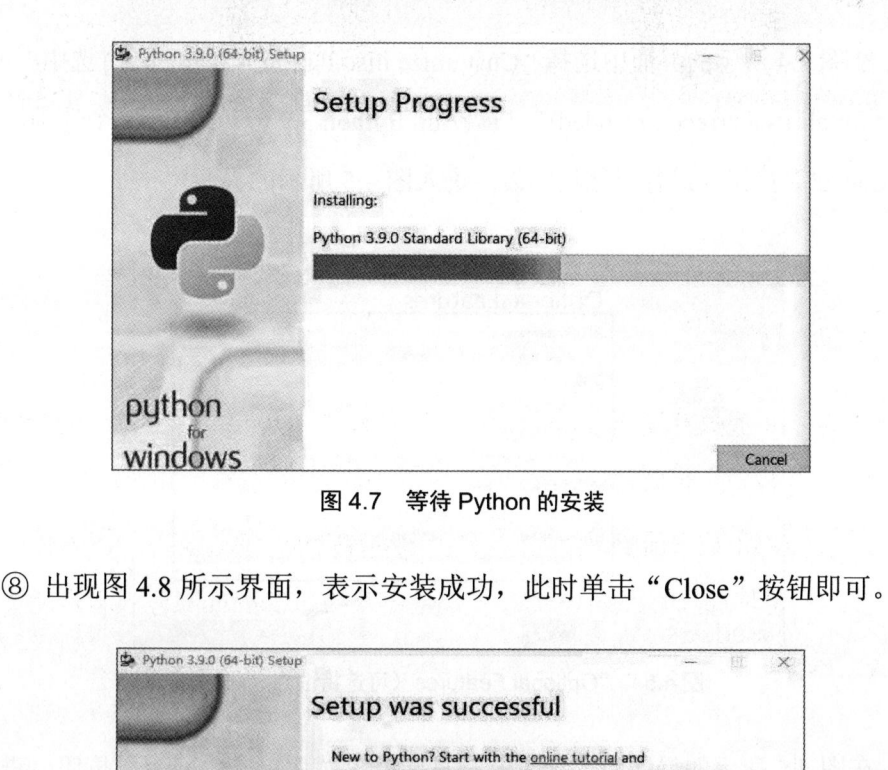

图 4.7 等待 Python 的安装

⑧ 出现图 4.8 所示界面，表示安装成功，此时单击"Close"按钮即可。

图 4.8 Python 安装成功提示界面

4.1.2　测试 Python 的安装结果

我们在安装时已经勾选"Add Python 3.9 to PATH"复选框，这里不需要单独去设置环境变量。如果没有选择此项，则还需要将 Python 3.9.0 添加到环境变量。假设已经按照上面的步骤完成安装，打开命令窗口，并在其中输入 python，然后按"Enter"键执行命令。交互式命令行界面如图 4.9 所示。

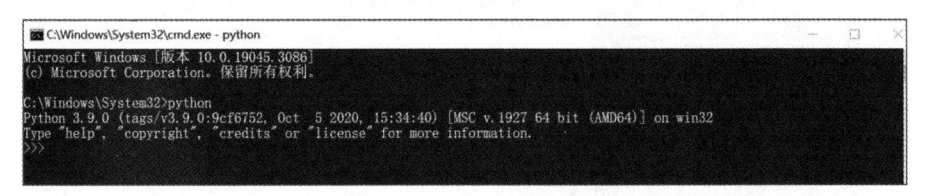

图 4.9　交互式命令行界面

至此，Python 3.9.0 已经安装完成。

4.1.3　安装 PyCharm

Python 语言的集成开发环境有很多种，但综合来说，JetBrains 公司提供的 PyCharm 无疑是其中的佼佼者。我们可以直接到官网下载 PyCharm 软件。注意，在图 4.10 所示的 PyCharm 官网下载页面中，有两个版本[即 Professional（专业的）版本和 Community（社区）版本]可供选择。Professional 版本是收费的，Community 版本是免费的。Community 版本足以满足一般的开发需要，因此下载 Community 版本就可以了。

图 4.10　PyCharm 官网下载页面

① 双击下载好的 EXE 文件进行安装，安装界面如图 4.11 所示，单击"Next"
按钮进入下一步。

图 4.11　PyCharm 安装界面（1）

② 在弹出的界面中，修改安装目录，尽量不要安装在 C 盘，修改好后直接单击
"Next"按钮，如图 4.12 所示。

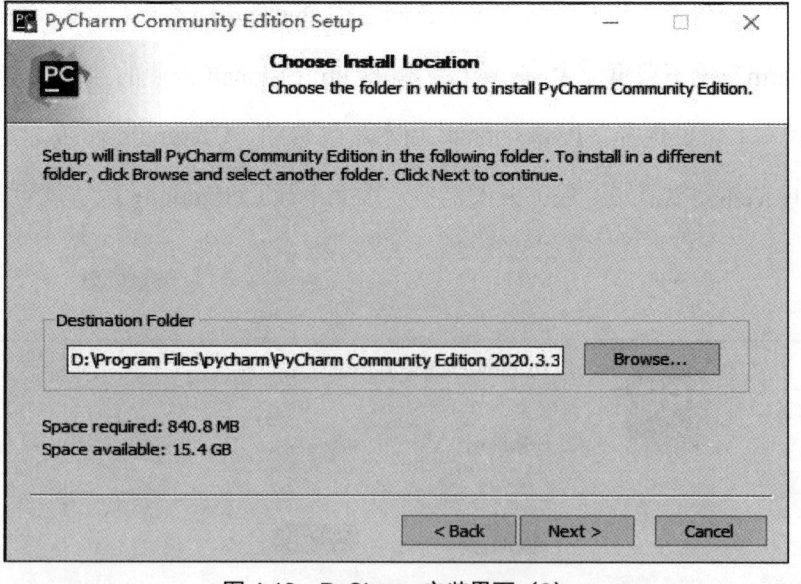

图 4.12　PyCharm 安装界面（2）

③ 在弹出的界面中，除了"Add launchers dir to the PATH"复选框，其他都选中，单击"Next"按钮，如图 4.13 所示。

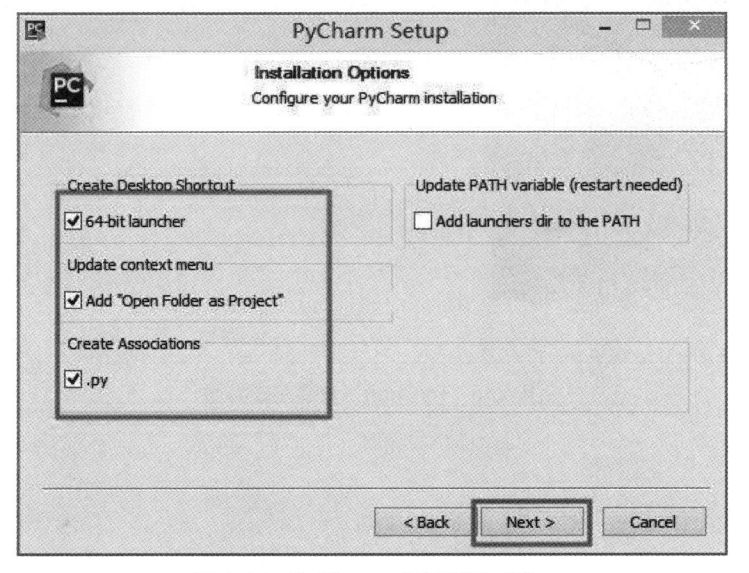

图 4.13　PyCharm 安装界面（3）

④ 在弹出的界面中，单击"Install"按钮，如图 4.14 所示。

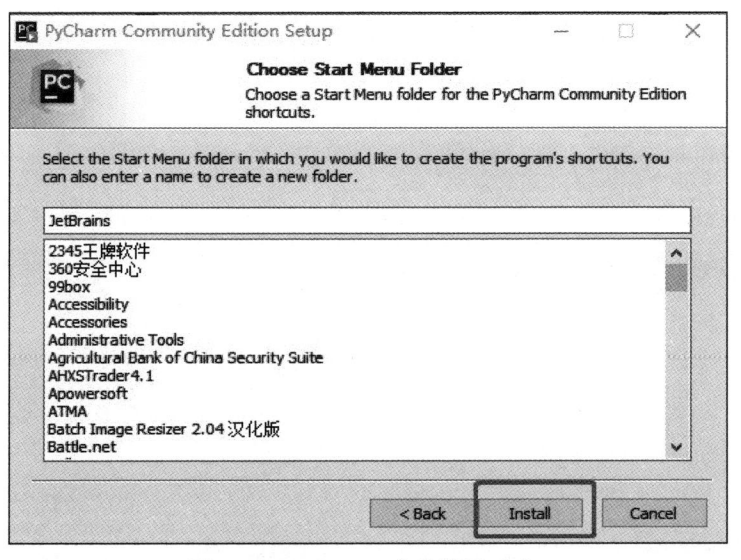

图 4.14　PyCharm 安装界面（4）

⑤ 安装过程大约需要 2 分钟，请耐心等待。出现图 4.15 所示的界面后，单击"Finish"按钮，完成安装。

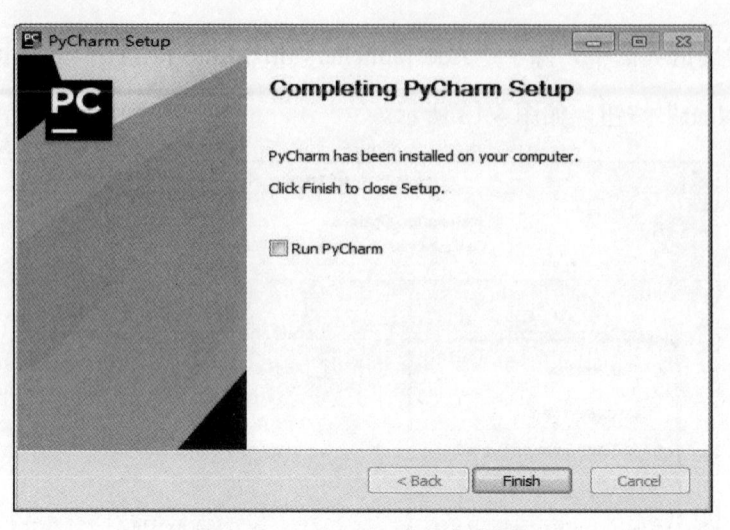

图 4.15　PyCharm 安装完成界面

4.1.4　PyCharm 的启动与配置

首次启动 PyCharm，需要对编辑器进行配置，如注册激活、新建项目、设置项目的解释器等，这个过程十分复杂，本书以 Windows 10 操作系统为例。

① 在桌面上找到 PyCharm 图标，双击启动，启动界面如图 4.16 所示。

② 在图 4.16 所示界面中，勾选"Do not import settings"单选按钮（首次启动，没有历史配置可以导入），然后单击"OK"按钮。在弹出的界面中，勾选"I confirm that I have read and accept the terms of this User Agreement"复选框，然后单击"Continue"按钮，如图 4.17 所示。

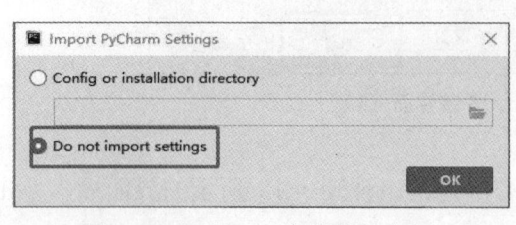

图 4.16　PyCharm 启动界面（1）

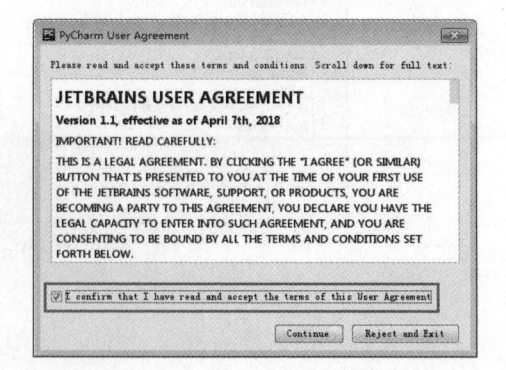

图 4.17　PyCharm 启动界面（2）

③ 进入下一个界面，单击"Don't send"按钮，如图 4.18 所示。

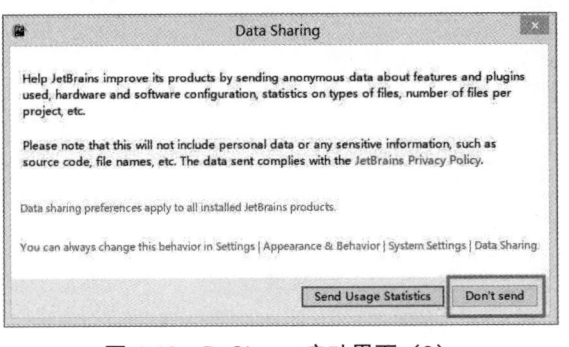

图 4.18　PyCharm 启动界面（3）

④ 至此，完成初步配置。接下来创建新项目，如图 4.19 所示，单击"New Project"按钮。

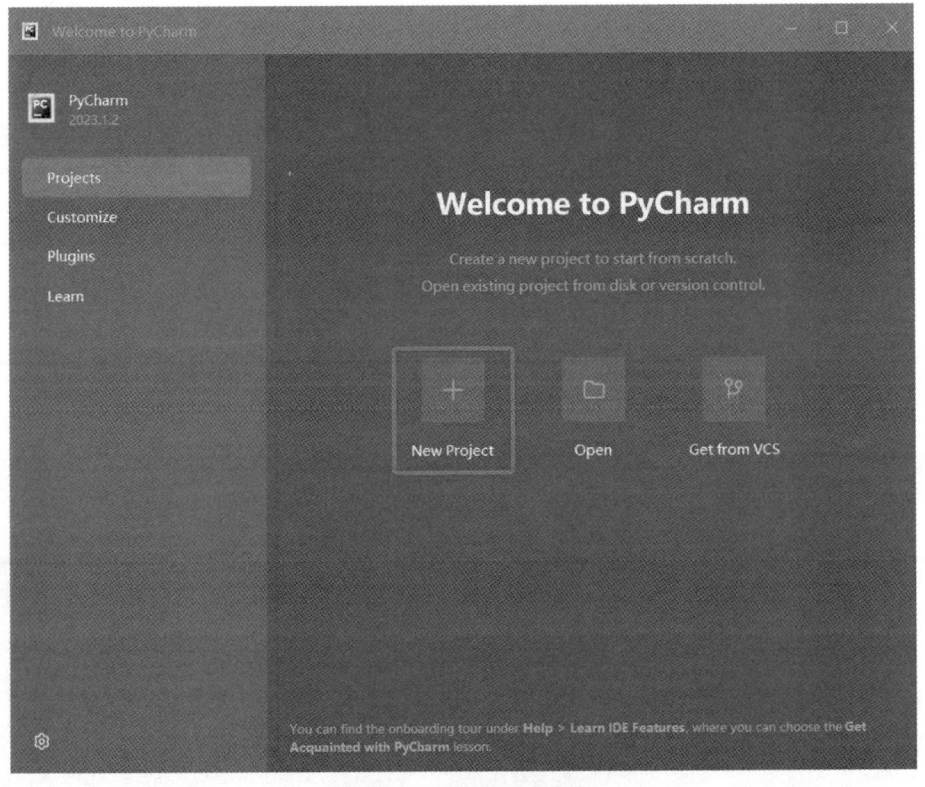

图 4.19　创建新项目界面

⑤ Location 是存放项目代码的路径，自行配置即可。如果不配置 Python 安装路径，PyCharm 会默认下载一个 Python 环境。然后单击"Create"按钮，如图 4.20 所示。

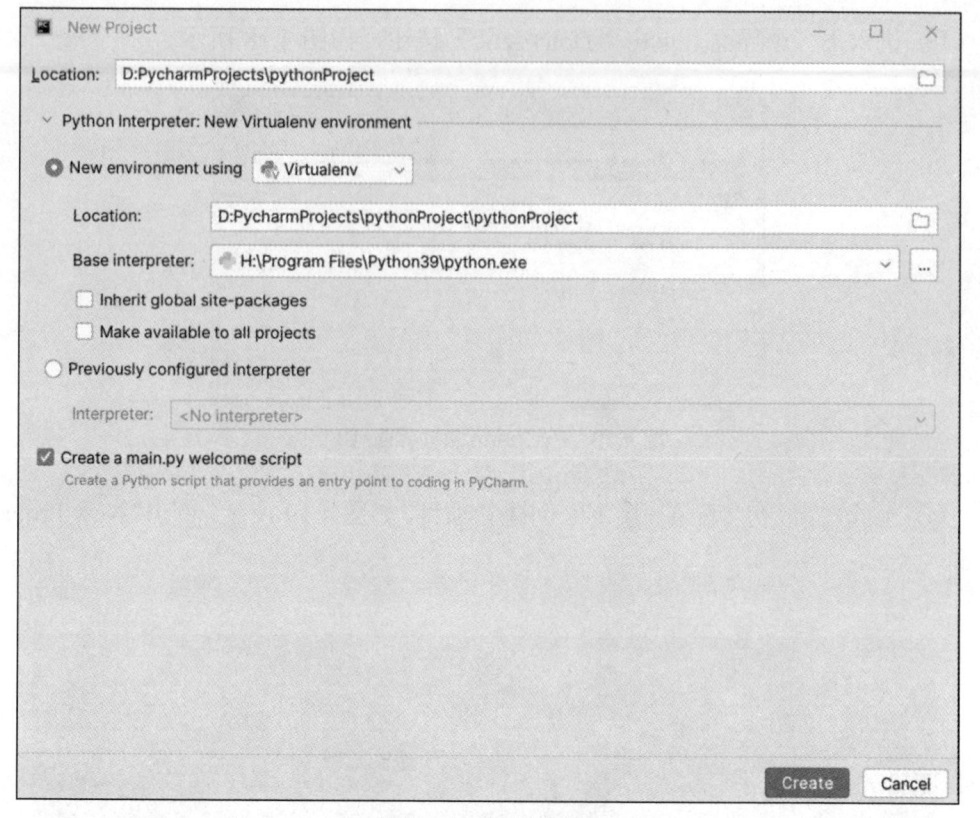

图 4.20　创建新位置

⑥ 接下来创建新项目。在 Project Files 一栏单击鼠标右键，在弹出的快捷菜单中选择"New"→"Python File"命令，如图 4.21 所示。

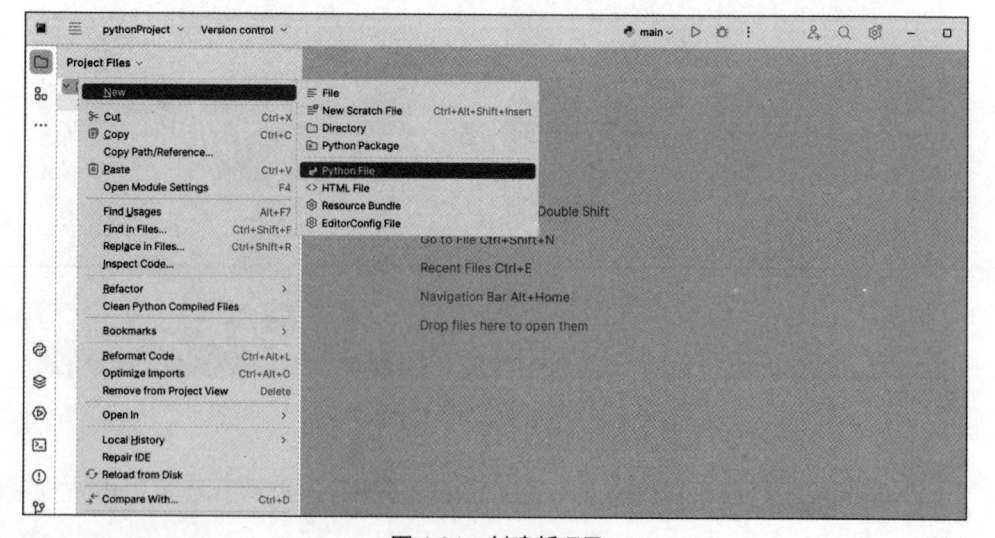

图 4.21　创建新项目

⑦ 在弹出的界面中，输入脚本名称"hjy"，按"Enter"键，如图 4.22 所示。

⑧ 在新建脚本写入代码 print('Hello world')，在编辑区的任意位置单击鼠标右键，在弹出的快捷菜单中选择"Run 'hjy'"命令，编辑器里会显示执行结果，如图 4.23 所示。

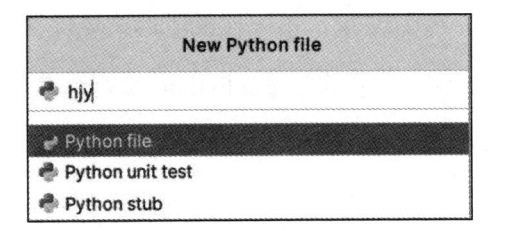

图 4.22　创建新项目名称

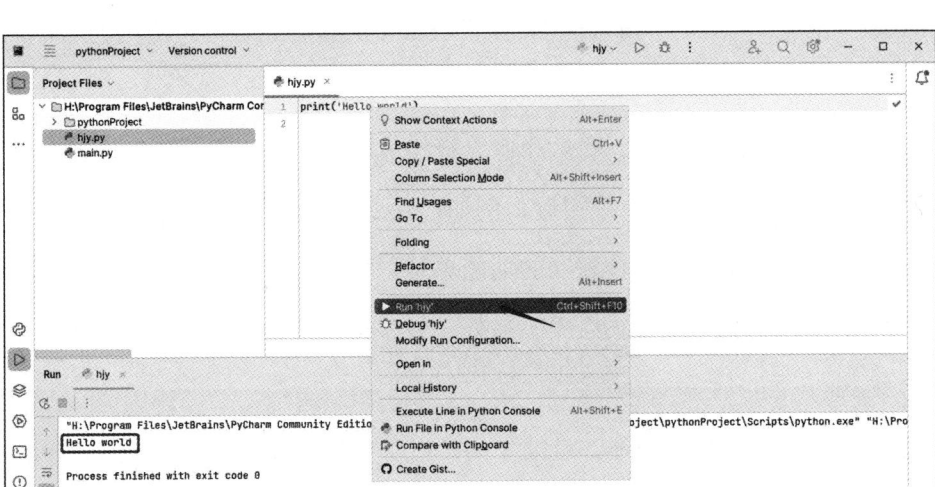

图 4.23　运行结果

⑨ 至此，PyCharm 开发环境安装完毕。

 任务 4.2　Python 语言程序的基本语法

4.2.1　Python 语言源程序的基本语法单位、书写格式与基本规则

1．基本语法单位

Python 的基本语法单位包括常量、变量、运算符、表达式、函数、语句、类、标识符等。

① 常量：第一次赋值后该量保持固定不变。例如，1、3.14、'Hello!'、True 是 4 个不同类型的常量。Python 没有命名常量，通常用一个不改变值的变量代替。例如：PI=3.14 通常用于定义圆周率常量 PI。

② 变量：在运行的过程中值可以被修改的量。变量的名称除了必须符合标识符的构成规则外，还要尽量遵循一些约定俗成的规范。例如，以下画线开头的变量在 Python 中有特殊的含义，所以在自定义名称时，一般不用下画线作为开头字符；Python 会严格区分大小写字母，即 Name 和 name 会被认为是两个不同的名字。

③ 运算符：常量/变量之间进行某种运算的符号。

④ 表达式：一般由常量、变量和运算符构成。一个表达式可能包含多次、多种运算，与数学表达式在形式上很接近，例如，1–2、2*(x+y)、0<=a<=10 等。

⑤ 函数：相对来说是比较独立的功能单位，能够执行一定的任务。

⑥ 语句：由函数、表达式组成。另外，各种控制结构也属于语句，例如：if 语句、for 语句。

⑦ 类：对一类事物的描述，是抽象的、概念上的定义，用于描述具有相同属性和方法的对象的集合。类定义了该集合中每个对象都具有的属性和方法。

⑧ 标识符：通俗来讲就是名字。标识符可以作为变量、函数或者类的名字。合法的标识符必须遵守以下几条规则。

- 标识符由一串字符组成，其中，字符可以是任意的字母、数字、下画线、汉字，但开头不能是数字。

- 在标识符中唯一能够被使用的标点符号是"下画线"，标识符不能包含其他标点符号，如括号、空格、逗号、句号、分号、问号、冒号、引号、斜线、反斜线等。

正确的标识符如 X、var1、SecondName、stu_score 等，错误的标识符如 stu-score、Second Name 等。

2. 程序的书写格式与基本规则

① 缩进：在 Python 中一般使用缩进的形式来区分代码块的级别。Python 语言

没有采用花括号或 begin···end 来分隔代码块，而是使用冒号和代码缩进的形式来区分代码之间的层次。代码缩进是一种语法规则，然而错误的代码缩进可能会导致代码的含义变得和原本的意思完全不一样。图 4.24 所示为 2 个代码块。

```
x = 0
if x == 1:
    x = x + 1
    print("x的值等于%d",x)


y = 0
if  y == 1:
    y = y + 1
print("x的值等于%d",x)
```

图 4.24　2 个代码块

一般建议输入 4 个空格来表示代码缩进，不推荐其他数量的空格，当然，也可以使用制表符的方式来完成代码缩进。

② 分号：Python 允许在行尾加分号，但是不建议加分号，也不建议用分号将两条命令放在同一行中，建议一行只输入一条命令。

③ 长语句行：除非遇到特别长的导入模块语句或者注释中的 URL，否则一般建议每条语句不超过 80 个字符。对于超长语句，允许但不提倡使用反斜杠连接行，建议在需要的地方使用圆括号连接行。

- 不推荐写法。

```
year1 = 2016
if year1 % 4 == 0 and year1 % 100 != 0 or \
   year1 % 400 == 0:
   print(year1," 是闰年！ ")
else:
print(year1," 不是闰年！ ")
```

- 推荐写法。

```
year2 = 2018
if (year2 % 4 == 0 and year2 % 100 != 0 or
    year2 % 400 == 0):
```

```
    print(year2," 是闰年！ ")
else:
    print(year2," 不是闰年！ ")
```

④ 空行：在变量定义、类定义和函数定义语句之间可以空两行。在类内部的方法定义语句之间，以及类定义与第一个方法之间，建议只空一行。在函数或方法中，如果有必要，可以空一行。

⑤ 空格：对于赋值（=）、比较（==、<、>、!=、<>、<=、>=、in、not in、is、is not）、布尔（and、or、not）等运算符，运算符两边各加一个空格，能够使代码更清晰。我们可以按照自己的习惯决定空格数，但一般建议运算符两侧的空格数保持一致。

⑥ 注释：通常以"#"开始直到行尾结束。

⑦ 行内注释：和语句在同一行中的注释。行内注释应该以"#"和单个空格开始，至少使用两个空格与前面的语句分开。注释块后面通常会跟着代码，并且注释块应该与相关代码的缩进保持一致。注释块中的每行以"#"和一个空格开始，注释块内段落以仅含单个"#"的行分割。注释块的上方和下方最好各空一行。

4.2.2 Python 的基本数据类型

1. 数据类型

Python 有 4 种基本的数据类型，包括整型（int）、浮点型（float）、布尔型（bool）、复数型（complex）。使用内置函数 type(obj)可以返回 obj 的数据类型。内置函数 instance(obj,class)可以用于测试对象 obj 是否为指定类型 class 的实例。输出数据类型的代码如下。

```
1.  >>> type(1)
2.  >>> <class'int'>
3.  >>> type(1.0)
4.  >>> <class'float'>
5.  >>> type('1')
6.  >>> <class'str'>
```

① 整型：不带小数部分的数据类型，如 101、0、−10009。和其他大多数的编程语言不太一样，Python 的整数是没有长度限制的。Python 的整数可以支持 4 种数制，即二进制数、八进制数、十进制数、十六进制数。十进制数直接用默认方式进行书写，而其他 3 种数制则需要一些特殊的前缀，二进制数是 0b、八进制数是 0o、十六进制数是 0x，其中的字母也可以用大写字母。在十六进制数中，使用 "A～F" 来代表十进制数的 10～15，把这 6 个字母换成小写字母 "a～f" 也一样。

```
1.  >>> 0b1010
2.  10
3.  >>> 0o15
4.  13
5.  >>> 0x2f
6.  47
```

② 浮点型：带小数的数据类型，如 4.、.6、−2.7415e2。其中 4.相当于 4.0；.6 相当于 0.6；−2.7415e2 是科学记数法，相当于−2.7415*10^2，即−274.15。浮点是相对于定点而言的，就是小数点的位置不再是固定的，而是可以浮动的。在数据存储长度有限的情况下，采用浮点表示方法，有利于在数值变动范围很大，或者数值非常接近 0 的情况下，仍能够保证一定长度的有效数字。与整型不同，浮点型存在上限和下限。计算的结果超过上限或者下限，会导致溢出进而出现错误。

```
1.  >>> 100.0**100 1e+200
2.  >>> 100.0**1000
3.  Traceback (most recent call last ):
4.  File "<input>", line 1, <module>
5.  OverflowError: (34, 'Result too large')
```

> 👤 **注意** 浮点型只能以十进制数形式进行书写。

③ 布尔型：就是逻辑值，只有 True 和 False 两种，分别代表 "真" 和 "假"。Python 3.x 将 True 和 False 定义成了关键字，但实际上它们的值仍是 1 和 0，并且可以与数字类型的值进行算数运算。

④ 复数型：Python 内置的数据类型，使用 1j 表示−1 的平方根。复数对象有 real

和 imag 两个属性，分别用于表示实部和虚部。

2．字符串

字符串是用一对单引号' '或双引号" "括起来的任意字符，如'the'、"name"等。需要特别注意：在 Python 中，单引号和双引号的作用是完全相同的。

需要着重说明，单引号或双引号本身只是一种表示方式，并不是字符串的一部分。因此，字符 he 包含的是 h 和 e 这 2 个字符；如果单引号本身也是字符串的一部分，那要用双引号括起来，如"she's"，就含了 s、h、e、'、s 这 5 个字符。

4.2.3　Python 的基本运算符和表达式

在 Python 编程语言中，即使有了变量和字符串，也不能进行日常的程序处理工作，还必须使用某种方式将变量、字符串的关系表示出来，运算符和表达式便应运而生。

1．变量

变量的定义：Python 没有专门的变量定义语句，变量的定义一般通过对变量进行第一次赋值来实现。

```
1.  >>> x # x 是未被定义的变量，不能进行访问
2.  Traceback (most recent call last):
3.      File"<input>", line 1, in <module>
4.  NameError: name 'x' is not defined
5.  >>>  x = 1     # 第一次对 x 进行赋值，也就是对 x 定义。此后，x 变量就存在了
6.  >>> x
7.  1
8.  >>> x = 1.5   # 再次对 x 赋值，可以修改变量的值
9.  >>> x
10. 1.5
11. >>> del x    # 使用 del 命令删除 x 变量，之后变量 x 就不能再被访问
12. >>> x
13. Traceback (most recent call last):
14.     File "<input>", line 1, in <module>
15. NameError: name'x'is not defined
```

变量是一种标识符，其作用是存储数据。一般来说，变量应该有一个有意义的名字，尽量让用户从变量的名字就能直观地知道这个标识符要表达的意思，从而提高代码的可读性。例如，表示姓名、身高的变量可以分别被命名为 my_name、my_height，而多边形的角度、颜色、边长可以分别被定义为 side_angle、side_color、side_length。

当然，变量是有类型的。在 Python 中，只要定义了一个变量，而且它存储了数据，那么它的类型就已经确定了。不需要编写者再主动说明其类型，系统会自动识别它是哪种类型。

2. 运算符

Python 支持算术运算符、赋值运算符、关系运算符、逻辑运算符。

（1）算术运算符

算术运算符是编程中最常用的运算符，在各种各样的数学运算中都会用到。Python 语言提供的常用的算术运算符见表 4.1。

表 4.1　常用的算术运算符

运算符	描述	实例
+	加法	5+5 返回 10；5.7+2.0 返回 7.7
−	减法	5-3 返回 2；5.7−1.0 返回 4.7
*	乘法	6*2 返回 12；5.6*2.0 返回 11.2
/	除法	6/2 返回 3；6.0/2.0 返回 3.0
//	整除运算，返回商	7/2 返回 3；5.5/2.0 返回 2.0
%	整除运算，返回余数，也称取模	7%2 返 1；5.5%2.0 返回 1.5
**	幂运算	5**2 返回 25；5.5**2.0 返回 30.25

（2）赋值运算符

Python 语言的赋值运算符是 "="，用于将等号右边的值（该值可以是常量、变量或者表达式）赋给等号左边的变量。

示例程序代码如下。

```
a = 5           # 把常数 5 赋值给变量 a
b = a+3         # 把表达式 a+3 的结果赋值给变量 b
print(a,b)      # 分别输出变量 a 和 b 的值
```

执行结果：a=5，b=8。

当等号的左右两边是同一个操作数时，如 a=a+1，我们就可以通过复合赋值运算符将表达式简化，变成 a+=1。

常用的赋值运算符见表 4.2。

表 4.2　常用的赋值运算符

运算符	描述	实例
=	最基本的赋值运算	x=y 表示将 y 的值赋给 x
+=	加赋值	x+=y 等价于 x=x+y
−=	减赋值	x−=y 等价于 x=x−y
*=	乘赋值	x*=y 等价于 x=x*y
/=	除赋值	x/=y 等价于 x=x/y
%=	取余数赋值	x%=y 等价于 x=x%y
**=	幂赋值	x**=y 等价于 x=x**y
//=	取整数赋值	x//=y 等价于 x=x//y
&=	按位与赋值	x&=y 等价于 x=x&y
|=	按位或赋值	x|=y 等价于 x=x|y
^=	按位异或赋值	x^=y 等价于 x=x^y
<<=	左移赋值	x<<=y 等价于 x=x<<y，这里的 y 指的是左移的位数
>>=	右移赋值	x>>=y 等价于 x=x>>y，这里的 y 指的是右移的位数

（3）关系运算符

关系运算符是用于实现比较运算的运算符。比较结果包括两种：一种是条件成立，结果为真（返回 True）；另一种是条件不成立，结果为假（返回 False）。

示例程序代码如下。

```
a = 5                    # 把常数 5 赋值给变量
b = (a==5 )              # 把表达式 a==的结果赋值给变量
b
```

执行结果：True。

常用的关系运算符见表 4.3。

表 4.3　常用的关系运算符

运算符	描述	实例
>	大于	5>2 返回 True
>=	大于或等于	5>=2 返回 True
<	小于	5<2 返回 False
<=	小于或等于	5<=2 返回 False
==	等于	5==2 返回 False
!=	不等于	5!=2 返回 True

一定要注意比较是否相等，要用双等号"=="，而不是单等号"="，并且在比较的过程中，要遵循以下规则。

① 如果两个操作数是数值型，则按大小进行比较。

② 如果两个操作数是字符串型，则按"字典顺序"进行比较（顺序靠后的字母比靠前的字母大）。首先取两个字符串的第一个字符进行比较，较大的字符所在字符串更大；如果相同，则再取两个字符串的第二个字符进行比较，以此类推。结果有 3 种情况：第一种，某次比较分出胜负，较大的字符所在字符串更大；第二种，始终不分胜负，并且两个字符串同时取完所有字符，那么这两个字符串相等；第三种，在分出胜负前，一个字符串已经取完所有字符，那么这个比较短的字符串较小。第三种情况也可以用于比较空字符串和其他字符串，空字符串总是最小的。

（4）逻辑运算符

Python 语言提供了 3 种逻辑运算符，分别是 and、or、not。逻辑运算符与关系运算符可以结合使用。

常用的逻辑运算符见表 4.4。

表 4.4　常用的逻辑运算符

运算符	描述	实例
and	逻辑与运算符。只有两个操作数都为真，结果才为真	True and True 返回 True
or	逻辑或运算符。只要有一个操作数为真，结果就为真	False or False 返回 False；True and False 返回 True
not	逻辑非运算符。单目运算，反转操作数逻辑状态	not True 返回 False

3. 表达式

表达式是由运算符和参与运算的数（操作数）组成的。操作数可以是常量、变量，也可以是函数的返回值。

按照运算符种类的不同，表达式可以分成算术表达式、关系表达式、逻辑表达式等。

很多运算对操作数的类型有要求，例如，加法（+）要求两个操作数的类型必须保持一致，当操作数的类型不一致时，可能发生隐式类型的转换。例如以下代码。

```
>>> x,y = 1,1.5
>>> a = x + y      # 整型和浮点型混合运算，整型隐式转换为浮点型
>>> a
2.5
```

差别比较大的数据类型之间可能不会进行隐式类型转换，而是需要进行显示类型转换。例如以下代码。

```
>>>'3'+ 1
Traceback (most recent call last):
    File "<input>", line 1, in <module>
TypeError: can only concatenate str (not"int") to str
>>> int('3') +1
4
```

4.2.4　Python 的条件判断分支与循环

在 Python 中，我们输入的程序一般是一行一行的。Python 在执行程序时，一般

也是从上到下一行一行地按顺序执行。但是有时也会出现不按顺序执行的情况，常见的不按顺序执行的情况包括条件判断分支和循环。

1. 条件判断分支

下面我们通过一个简单的例子来解释什么是条件判断分支。

```
a=10
b=15
if a > b:
    print(a-b)
else:
    print(b-a)
```

我们输入上面的代码时，要注意其中有缩进的地方要通过按"Tab"键来实现（按一次键盘上的"Tab"键），或者按 4 个连续的空格键。执行这段代码后，得到的结果是 5。如果让 a=15、b=10，得到的结果也是一样的。这就是条件判断分支的作用。在代码中，if 开始表示的是一个条件判断语句。其含义：如果 a>b，那么就执行 print(a-b)，即输出 a-b 的值；否则执行 else 下面的代码，即 print(b-a)，也就是输出 b-a 的值。所以整段代码的作用相当于输出了一个 a-b 的绝对值。注意条件判断语句 if 和 else 的后面，都需要加上一个冒号":"，这在 Python 程序中，属于编写条件判断分支语句约定俗成的规矩。

程序从开始按顺序执行，到以 if 开头的语句，就出现了所谓的"分支"情况，此时程序会判断一个条件，即"a 是否大于 b"，如果满足条件则紧接着执行 if 下面的程序分支，不满足条件则执行"else"下面的分支。无论执行哪一个分支，执行该分支的语句后，便不会再执行其他分支的程序语句。如果条件判断后还有其他语句，则会继续按顺序往下执行。

条件判断分支还有一种情况，例如以下代码。

```
a=10
b=10
if a > b:
    print(a-b)
```

```
elif a <b:
    print(b-a)
else:
    print("a=b")
```

这个例子和前一个例子不同，这个例子中多了一个 elif 的判断分支语句，elif 是 else if 的简写。整段条件分支代码的含义：如果 a>b，就执行 print(a-b)，否则就会继续进行判断；如果 a<b，就执行 print(b-a)，否则就执行最后一句代码 print("a=b")。也就是当 a=b 时，a 既不小于 b 也不大于 b，那就只能等于 b，输出 "a=b"这个字符串。

注意，在条件分支中可以执行多条语句，多条语句应该在同一个缩进级别上，例如以下代码。

```
a=15
b=10
if a > b:
    print("a>b")
    print(a-b)
elif a<b:
    print(b-a)
else:
    print("a=b")
```

上面的代码，在满足 a>b 条件时，将按顺序执行 print("a>b") 和 print(a-b)这两条语句，而书写这两条语句时要控制缩进。

条件判断分支也可以"嵌套"，也就是在某一个分支中，又出现了条件判断的情况。例如上述代码也可以用嵌套分支的写法，代码如下。

```
a=15
b=10
if a > b:
    print("a>b")
    print(a-b)
```

```
else:
    if a ==b:
        print("a=b")
    else:
        print(b-a)
```

上面的代码在 else 分支中，又出现了条件判断分支的情况，即在前面 a 不大于 b 的情况下，再一次判断 a 是小于 b 还是等于 b，并进行不同的分支处理。这段代码执行的结果和前面的结果是一样的。注意，判断 a 是否和 b 相等时，我们使用了 "a-b" 这样的表达式，也就是将两个等号连起来用于判断符号左右两边的两个表达式的值是否相等，这是为了区分变量赋值时的单个等号。如果出现嵌套情况，第二层嵌套的分支语句要多缩进一级，也就是说，像例子中 print(b-a) 语句，前面要加 8 个空格键。

另外，Python 规定，代码缩进可以用 "Tab" 键，也可以用相同的几个连续空格（一般用两个空格）来代替。但整个程序要统一缩进方式，也就是说，要么全部用 "Tab" 键来缩进，要么全部用空格来缩进。我们建议用 "Tab" 键缩进。

2．循环

在编写的程序中，当经常需要重复做一件事情时，我们就可以用循环语句。循环与条件判断分支都会改变程序默认一条一条向下执行命令的顺序。Python 中常用的循环就是 for 循环，例如以下代码。

```
for i in range(5):
    print(i)
```

上面是一个最简单的 for 循环语句。for 循环都是以 "for" 开始的，其中 "range" 是 "范围" 的意思。整段代码的含义：让变量 i 在 0～4 范围内变化，每变化一次就输出一次变量 i 的值，因为计算机默认是从 0 开始计数的，所以 range(5) 的范围实际上是从 0 到 4，而在 for 循环中默认每次变化的幅度是 1，所以在这个循环中，i 分别是 0、1、2、3、4。也就是说，这段代码的实际含义是让缩进的代码 print(i) 重复执行 5 次。所以我们看到类似 for i in range(5) 代码时，只需要知道这是让下面的代码循环执行 range 函数中参数数值表示的次数。

这里的变量 i 称为"循环变量",一般用"i""j""k"字母来命名这些循环变量。

4.2.5 Python 的库:Turtle

Turtle 库是 Python 中一个十分流行的绘制图像的函数库,可以把它想象成一个小乌龟。在一个横轴为 x、纵轴为 y 的坐标系原点,(0,0)是开始位置,小乌龟根据一组函数指令的控制,在这个平面坐标系中移动,它爬行过的路径就是绘制的图形。

1. 画布

画布就是用于绘图的区域,我们可以设置它的大小和初始位置。

(1)设置画布大小和背景颜色

turtle.screensize(canvwidth=None, canvheight=None, bg=None),括号中的参数分别为画布的宽(单位是像素)、高(单位是像素),以及背景颜色。

例如以下代码。

```
turtle.screensize(800,600, "green")
```

该代码表示的是设置画布的宽为 800 像素,高为 600 像素,画布的背景颜色为绿色。

下面的命令表示的是返回默认画布大小(400, 300)。

```
turtle.screensize()
```

(2)设置画布大小和位置

```
turtle.setup(width=0.55, height=0.85, startx=None, starty=None)
```

参数 width、height:输入的宽和高为整数时表示像素,为小数时表示占计算机屏幕的比例。(startx, starty)表示矩形窗口左上角顶点的位置,如果为空,则表示窗口位于屏幕的中心位置。

例如以下代码。

```
turtle.setup(width=0.6,height=0.6)
turtle.setup(width=800,height=800, startx=100, starty=100)
```

2．画笔

（1）画笔的状态

在画布上，默认有一个坐标原点为画布中心的坐标轴，坐标原点上有一只面朝 x 轴正方向的小乌龟。我们描述小乌龟时使用了两个属性：坐标原点、面朝 x 轴正方向，就是使用位置方向描述小乌龟画笔的状态。

（2）画笔的属性

画笔的属性包括画笔的颜色、画线的宽度、画笔移动的速度等。

① turtle.pensize()：设置画笔的宽度。

② turtle.pencolor()：没有参数传入时，返回当前画笔颜色；可传入参数设置画笔颜色，可以是字符串"green""red"等，也可以是 RGB 三元组。

③ turtle.speed(speed)：设置画笔移动的速度，画笔移动的速度范围为[0,10]，数值越大，画笔移动的速度越快。

（3）绘图命令

操纵小乌龟绘图的命令有很多，这些命令可以被划分为运动命令、画笔控制命令，以及其他全局控制命令。

① 运动命令。部分运动命令及相关说明见表 4.5。

表 4.5　部分运动命令及相关说明

命令	说明
turtle.forward(distance)	向当前画笔方向移动 distance 像素距离
turtle.backward(distance)	向当前画笔相反方向移动 distance 像素距离
turtle.right(degree)	顺时针转动 degree 度
turtle.left(degree)	逆时针转动 degree 度
turtle.pendown()	移动时绘制图形，默认时也会绘制图形
turtle.goto(x,y)	将画笔移动到坐标为(x,y)的位置
turtle.penup()	提起画笔移动，不绘制图形
turtle.circle()	半径为正（负），表示圆心在画笔的左边（右边）画圆
setx()	将当前 x 轴移动到指定位置

续表

命令	说明
sety()	将当前 y 轴移动到指定位置
setheading(angle)	设置当前朝向为 angle 角度
home()	设置当前画笔位置为原点，朝向东
dot(r)	绘制一个指定直径和颜色的圆点

② 画笔控制命令。部分画笔控制命令及相关说明见表 4.6。

表 4.6　部分画笔控制命令及相关说明

命令	说明
turtle.pensize(size)	改变画笔宽度
turtle.pencolor(colorstring)	调整画笔颜色
turtle.clear()	清空窗口，但 turtle 的位置和状态不会改变
turtle.fillcolor(colorstring)	设置图形的填充颜色
turtle.color(color1, color2)	同时设置 pencolor=color1、fillcolor=color2
turtle.filling()	返回当前是否在填充状态
turtle.begin_fill()	准备开始填充图形
turtle.end_fill()	填充完成
turtle.hideturtle()	隐藏画笔的 turtle 形状
turtle.showturtle()	显示画笔的 turtle 形状

③ 其他全局控制命令。

```
turtle.done()
```

上面的命令表示停留在结束界面。

```
turtle.undo()
```

上面的命令表示撤销上一次动作。

```
turtle.hideturtle()
```

上面的命令表示隐藏图标。

```
turtle.showturtle()
```

上面的命令表示显示图标。

```
turtle.screensize(x,y)
```

上面的命令表示设置屏幕的大小。

```
turtle.done()
```

上面的命令必须是程序中的最后一条语句。

```
turtle.reset()
```

上面的命令表示清空窗口，重置 turtle 的状态为初始状态。

任务 4.3 Python 语言程序的编写

至此，本项目需要读者学习和了解的 Python 编程知识已经介绍完毕，后面多多少少会有一些新的内容，在实训部分会逐步为大家引入。下面我们看一段示例代码，虽然该代码只有短短几行，但是已经包含了这一节介绍的所有编程知识，如图 4.25 所示。

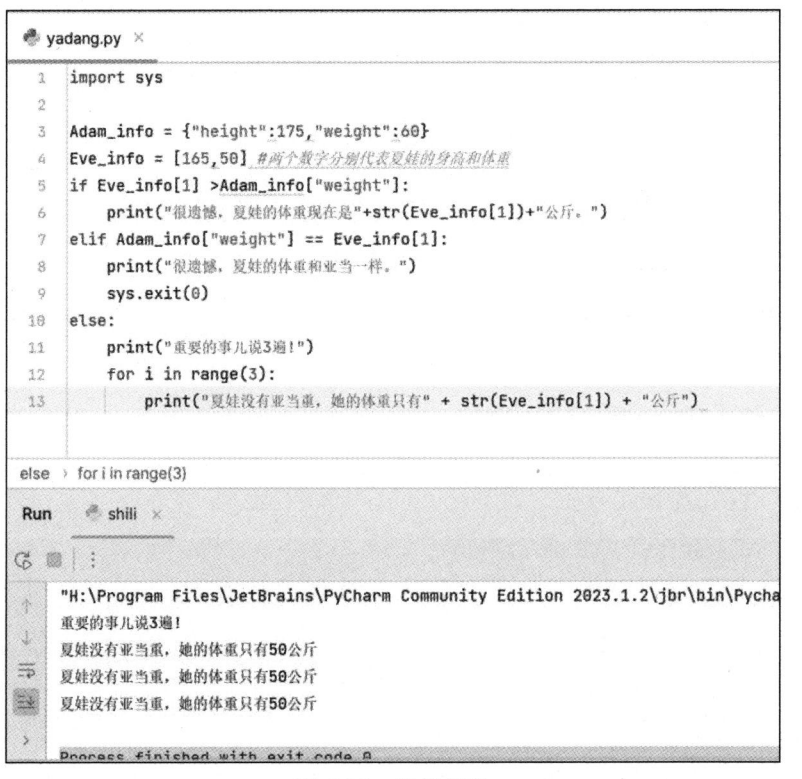

图 4.25 示例代码

如今社会已经进入大数据时代，新知识、新技术层出不穷。由于 Python 程序设计语言在数据获取、数据分析、数据挖掘方面具有优势，近几年来 Python 以迅雷不及掩耳之势快速崛起，程序设计教学迎来广阔的发展机遇。

下面我们利用 Turtle 绘图库绘制玫瑰花，效果如图 4.26 所示（彩色效果见彩图 1）。

图 4.26　玫瑰花

具体的代码如下。

```python
import turtle
turtle.setup(1100,1000)
turtle.hideturtle()
turtle.speed(10)
turtle.penup()
turtle.goto(50,-550)
turtle.pensize(5)
turtle.pencolor("black")
turtle.seth(140)
turtle.pendown()
turtle.speed(10)
turtle.circle(-400,60)
turtle.fd(100)
turtle.seth(10)
turtle.fd(50)
turtle.fillcolor("green")
turtle.begin_fill()
turtle.right(40)
```

```
turtle.circle(120,80)
turtle.left(100)
turtle.circle(120,80)
turtle.end_fill()
turtle.seth(10)
turtle.fd(90)
turtle.speed(11)
turtle.penup()
turtle.fd(-140)
turtle.seth(80)
turtle.pendown()
turtle.speed(10)
turtle.fd(70)
turtle.seth(160)
turtle.fd(50)
turtle.fillcolor("green")
turtle.begin_fill()
turtle.right(40)
turtle.circle(120,80)
turtle.left(100)
turtle.circle(120,80)
turtle.end_fill()
turtle.seth(160)
turtle.fd(90)
turtle.speed(11)
turtle.penup()
turtle.fd(-140)
turtle.seth(80)
turtle.pendown()
turtle.speed(10)
turtle.fd(100)
turtle.seth(-20)
turtle.fillcolor("crimson")
```

```
turtle.begin_fill()

turtle.circle(100,100)

turtle.circle(-110,70)

turtle.seth(179)

turtle.circle(223,76)

turtle.end_fill()

turtle.speed(11)

turtle.fillcolor("red")

turtle.begin_fill()

turtle.left(180)

turtle.circle(-223,60)

turtle.seth(70)

turtle.speed(10)

turtle.circle(-213,15)

turtle.left(70)

turtle.circle(200,70)

turtle.seth(-80)

turtle.circle(-170,40)

turtle.circle(124,94)

turtle.end_fill()

turtle.speed(11)

turtle.penup()

turtle.right(180)

turtle.circle(-124,94)

turtle.circle(170,40)

turtle.pendown()

turtle.speed(10)

turtle.seth(-60)

turtle.circle(175,70)

turtle.seth(235)

turtle.circle(300,12)

turtle.right(180)

turtle.circle(-300,12)
```

```
turtle.seth(125)

turtle.circle(150,60)

turtle.seth(70)

turtle.fd(-20)

turtle.fd(20)

turtle.seth(-45)

turtle.circle(150,40)

turtle.seth(66)

turtle.fd(-18.5)

turtle.fd(18.5)

turtle.seth(140)

turtle.circle(150,27)

turtle.seth(60)

turtle.fd(-8)

turtle.speed(11)

turtle.penup()

turtle.left(20.8)

turtle.fd(-250.5)

turtle.pendown()

turtle.speed(10)

turtle.fillcolor("crimson")

turtle.begin_fill()

turtle.seth(160)

turtle.circle(-140,85)

turtle.circle(100,70)

turtle.right(165)

turtle.circle(-200,32)

turtle.speed(11)

turtle.seth(-105)

turtle.circle(-170,14.5)

turtle.circle(123,94)

turtle.end_fill()
```

课中实训

相信大家读到这里已经迫不及待想了解如何使用 Python 来解决实际问题了。接下来我们通过几个实例介绍如何利用 Python 绘图。

实训一 快速绘制一个等边三角形

姓名：_____ 学号：_____ 时间：_____

系（部）：_____ 专业：_____ 班级：_____

下面我们绘制等边三角形，并学会灵活设置三角形的边长、角度和颜色，为后面绘制多角星做准备。我们可以分任务完成本实训。

任务 1 绘制红色等边三角形

任务 1 的目标是绘制边长为 300（像素）的红色等边三角形，如图 4.27 所示（彩色效果见彩图 2）。

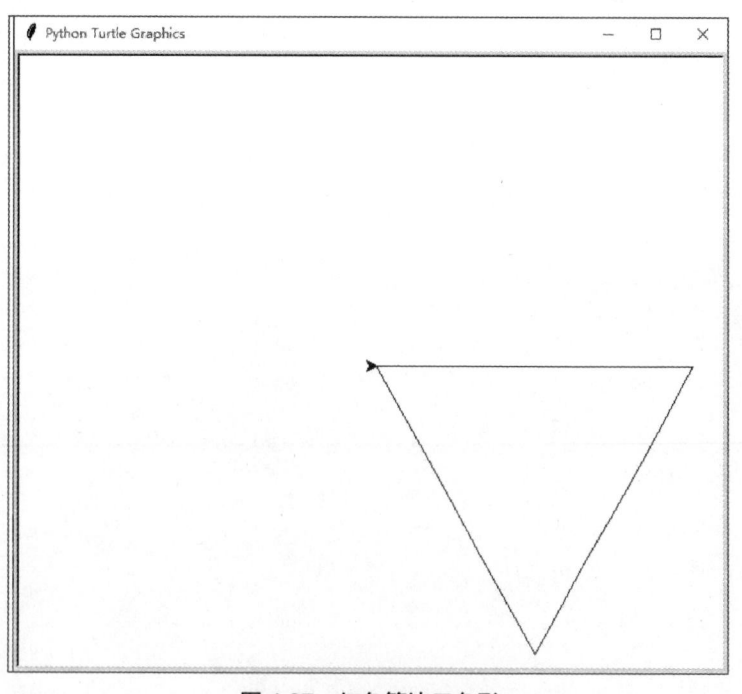

图 4.27 红色等边三角形

利用画笔从窗口的正中心处向右绘制边长为 300（像素）的一条红色直线；画笔顺时针转动 120° 后，绘制第二条红色直线；采用同样的方法，绘制第三条红色直线，从而构成等边三角形。

结合前面讲到的 Python 基础知识，再结合表 4.7 的提示，思考如何完成代码的编写，并尝试编写任务 1 的代码。

表 4.7 完成任务 1 的代码编写相关工作

新建文件名	
调用 Turtle 绘图库的语句	
用到哪些绘图命令？（例如，画笔的颜色、向前或向后移动的像素长度、逆时针或顺时针移动的角度等）	1. 2. 3. ……

尝试写出任务 1 的关键程序代码。

序号	关键程序代码
1.	
2.	
3.	
4.	
5.	
6.	
7.	
8.	
9.	
10.	
……	

参考的程序代码与解析如下。

① 任务 1 中新建的文件名为 task1star.py，源代码如图 4.28 所示。

② 源代码说明如下。

- 代码行 1：该行为注释行，用于简单说明程序的功能。

- 代码行 2：导入 Turtle 绘图库，用于绘制图形。

- 代码行 3：空白行，用于分隔两段不同功能或含义的代码。

- 代码行 4：该行代码用于设置画笔颜色为红色，其中，turtle.color 表示使用 Turtle 绘图库中的 color 指令，括号中的字符串"red"表示颜色为红色。

- 代码行 5：画笔从当前位置向右移动 300 像素的距离。

- 代码行 6：画笔按顺时针方向转动 120°。

- 代码行 7～10：这几行代码是将代码行 5 和代码行 6（绘制一条边线）复制两次，进而画出三角形。

- 代码行 11：该行代码表示结束图形的绘制。

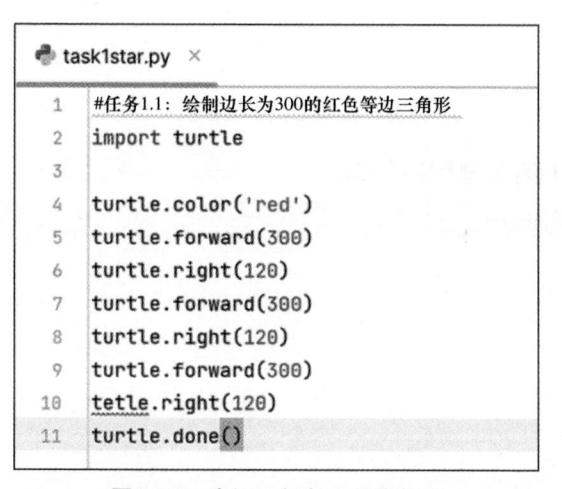

图 4.28　实训一任务 1 的源代码

任务 2　灵活设置等边三角形的边长、角度和颜色

要求新建一个 Python 文件，在程序中能够灵活设置三角形的边长、角度和颜色。

本任务是在任务 1 的基础上加以改进，给三角形的边长、转角度数和颜色赋值后，依次绘制三条等长的边。绘制完每条边，画笔都会顺时针旋转 120°，直至完成画图。

结合任务 1，思考需要修改任务 1 中哪几行代码，怎样修改才能得到任务 2 的程序代码，并完成表 4.8。

尝试编写任务 2 的关键代码。

序号	关键程序代码
1.	
2.	
3.	
4.	
5.	
6.	
7.	
8.	
9.	
10.	
……	

表 4.8 任务 2 需要修改的代码

需要修改（或增加/删除）的代码行	如何修改
例如：第 3 行（增加）	side_length = 300

参考程序代码与解析如下。

① 任务 2 中新建的文件名为 task2star.py，其源代码如图 4.29 所示。

② 源程序代码说明如下。

● 代码行 1：该行是注释行，用于简单说明程序的功能。

● 代码行 2：该行表示导入 Turtle 绘图库，用于绘制图形。

● 代码行 3：该行是空白行，用于分隔两段不同功能或含义的代码。

- 代码行 4：该行是赋值语句，变量 side_length 表示三角形的边长，赋值为 300（像素）。

- 代码行 5：该行是赋值语句，变量 side_angle 表示顺时针转动的角度，赋值为 180-180/3，即 120°。

- 代码行 6：变量 side_color 表示画笔的颜色，赋值为绿色（'green'），green 是字符串，所以在这里要用一对单引号引起来。

- 代码行 7：该行用于设置画笔颜色，颜色为变量 side_color 的值，即'green'；不直接用'green'，而是用变量来设置画笔颜色，是为了获得更好的灵活性。

- 代码行 8：绘制一条直线，长度为变量 side_length 的值。

- 代码行 9：将画笔顺时针转动，转角度数为变量 side_angle 的值。

- 代码行 10～13：将代码行 8 和 9（绘制一条边）复制两次，就绘制出另外两条边，从而构成三角形。

- 代码行 14：结束图形绘制。

```
task2star.py  ×
1   #任务1.2：绘制灵活设置的三角形
2   import turtle
3
4   side_length=300
5   side_angle=180-180/3    #等边三角形的内角为60°
6   side_color='green'
7   turtle.color(side_color)
8   turtle.forward(side_length)
9   turtle.right(side_angle)
10  turtle.forward(side_length)
11  turtle.right(side_angle)
12  turtle.forward(side_length)
13  turtle.right(side_angle)
14  turtle.done()
```

图 4.29　实训一任务 2 的源代码

👤 **想一想**　代码行 5 为什么将 120°写成 180-180/3，其目的是什么？这是因为公式中的"3"就是三角形中的三条边，这个需要记住，后面还会用到。

实训一任务 2 的程序运行后的结果如图 4.30 所示（彩色效果见彩图 3）。

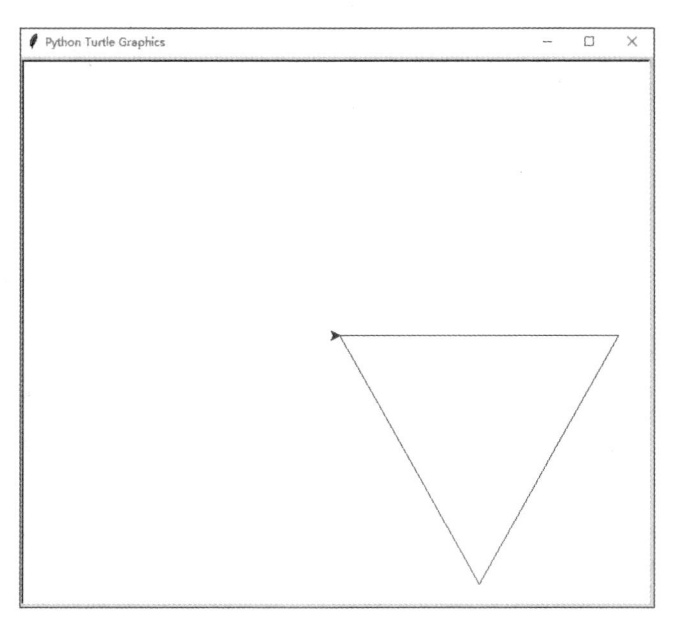

图 4.30　实训一任务 2 的程序运行后的结果

实训二　快速绘制一个多角星

姓名：＿＿＿＿＿＿＿＿＿＿　学号：＿＿＿＿＿＿＿＿＿＿　时间：＿＿＿＿＿＿＿＿

系（部）：＿＿＿＿＿＿＿＿　专业：＿＿＿＿＿＿＿＿＿＿　班级：＿＿＿＿＿＿＿＿

实训一已经完成三角形的绘制，现在要绘制五角星，就需要将绘制边的代码再复制两次，这里需要注意转向角度有所变化。

那么，如何绘制多角星呢？是一直这样复制下去吗？计算机的优势如何体现呢？实训二就是要解决这些问题。下面分3个实训任务来进行：三角形变五角星，用 for 语句实现复制，快速灵活地绘制多角星。

实训二的目标是绘制图 4.31 所示的蓝色五角星和三十五角星（彩色效果见彩图 4）。

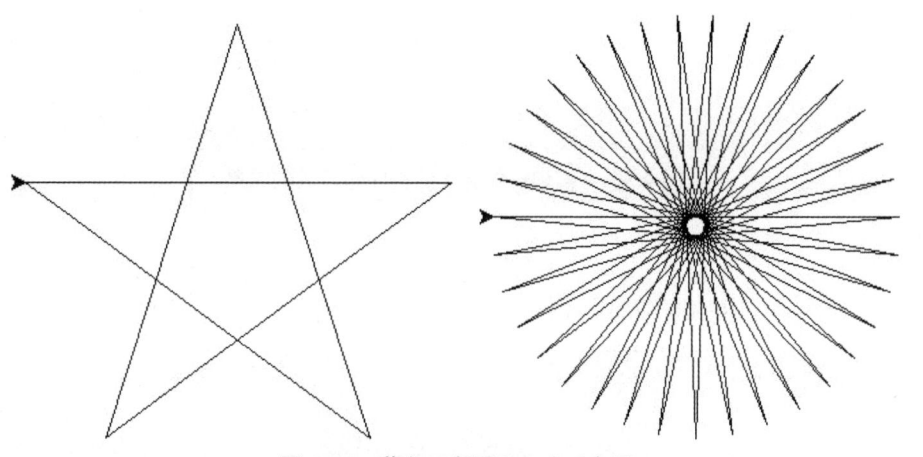

图 4.31　蓝色五角星和三十五角星

任务 1　三角形变五角星

新建一个 Python 文件（task2_1star.py）。通过编写代码，绘制五角星。该任务要求将三角形变成五角星，这就是前文提到的转角公式（side_angle=180-180/3）的意义。我们将数字 3 改成 5，即绘制五角星时需按照顺时针来转动的角度。我们将绘制一条边（直线 + 转向）的两行代码再复制两次，共绘制 5 条边线，就完成了一颗五角星的绘制。

结合实训一任务 2，思考并尝试编写本任务的关键程序代码或修改后的代码。

序号	关键程序代码或修改后的代码
1.	
2.	
3.	
4.	
......	

参考程序代码与解析如下。

① 本任务新建的文件名为 task2_1star.py，其源代码如图 4.32 所示。

```
1   #任务2-1：绘制五角星
2   import turtle
3
4   side_length=300
5   side_angle=180-180/5
6   side_color='blue'
7   turtle.color(side_color)
8   turtle.forward(side_length)
9   turtle.right(side_angle)
10  turtle.forward(side_length)
11  turtle.right(side_angle)
12  turtle.forward(side_length)
13  turtle.right(side_angle)
14  turtle.forward(side_length)
15  turtle.right(side_angle)
16  turtle.forward(side_length)
17  turtle.right(side_angle)
18  turtle.done()
```

图 4.32　实训二任务 1 的源代码

② 源代码解析：上述代码在实训一任务 2 的代码的基础上进行了修改，具体如下。

- 代码行 5：该行代码是修改后的代码。将 3 改成 5，计算出的结果就是绘制五角星所需的转角，即 144°。

- 代码行 14～17：这几行代码属于新增代码，作用是将绘制一条边的两行代码复制两次，从而构成五角星。实训二任务 1 的程序运行后的结果如图 4.33 所示（彩色效果见彩图 5）。

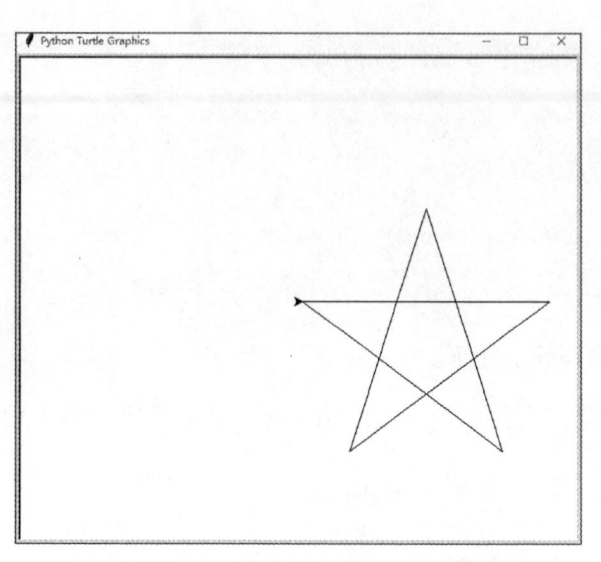

图 4.33　实训二任务 1 的程序运行后的结果

任务 2　用 for 语句实现复制

若想绘制三十五角星，就需要复制 30 多次代码，这是个非常笨的办法。那么，如何对代码进行改进，使其能够高效进行"复制"呢？可以使用前面学过的循环结构，即利用 for 语句代替顺序结构中需要重复执行的代码。

结合实训二任务 1，思考并尝试编写任务 2 的关键程序代码或修改后的代码。

序号	关键程序代码或修改后的代码
1.	
2.	
3.	
4.	
5.	
6.	
……	

参考程序代码与解析如下。

① 实训二任务 2 的源代码如图 4.34 所示。

② 源代码解析：任务 2 的代码对任务 1 的代码进行了"改造"，即利用 for 语句代替原来需要重复 5 次才能实现的代码（绘制一条边的两行代码）。具体修改如下。

```
1   #任务2-2：绘制五角星
2   import turtle
3
4   side_length=300
5   side_angle=180-180/5
6   side_color='blue'
7   turtle.color(side_color)
8   for side in range(5):
9       turtle.forward(side_length)
10      turtle.right(side_angle)
11  turtle.done()
```

图 4.34　实训二任务 2 的源代码

代码行 8～10：这几行是修改后的代码，作用是将之前的 10 行语句用 for 语句实现。

range(5)会产生一个 0～4 的整数序列，即[0, 1, 2, 3, 4]，而 side 是遍历这个序列的边。也就是说，side 的值依次为 0、1、2、3、4，即第一次执行时 side 为 0，第二次执行时 side 为 1……以此类推，这个过程就是将 for 控制的语句块重复执行 5 次。

在本任务中，利用 for 语句的 3 行代码（代码行 8～10）就代替了实训二任务 1 中的 10 行代码。经过这样简单的改动，我们利用 3 行代码就能实现重复任意次数绘制边的功能，而这就是循环结构的魅力所在——既灵活又高效。

注意　for 语句以冒号（：）结尾，并且该语句下面的两行代码都要有缩进！

任务 3　快速灵活地绘制多角星

实训二任务 2 使用 for 语句简化代码，最大的好处就是可以很方便地绘制多角星。例如，想要绘制三十五角星，只要将 5 改成 35。

注意　要修改 180-180/5、range(5)两处，将其分别改成 180-180/35、range(35)。

这里为了能够更加灵活地设置角的数量，可以增加一个变量 side_num。那么，对应地在上述两处修改的地方，就需要将数字改成变量，以便统一处理。当然，我们想看的是绘制好的三十五角星，而这个绘制过程可能有点儿慢。接下来我们需要给画笔加速。

结合实训二任务 2，思考并尝试编写任务 3 的关键程序代码或修改后的代码。

序号	关键程序代码或修改后的代码
1.	
2.	
3.	
4.	
5.	
6.	
7.	
……	

参考程序代码与解析如下。

① 实训二任务 3 的源代码如图 4.35 所示。

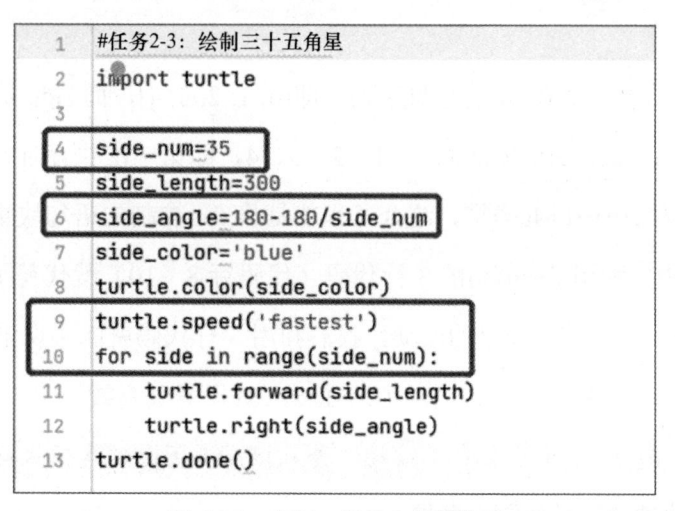

```
1   #任务2-3：绘制三十五角星
2   import turtle
3
4   side_num=35
5   side_length=300
6   side_angle=180-180/side_num
7   side_color='blue'
8   turtle.color(side_color)
9   turtle.speed('fastest')
10  for side in range(side_num):
11      turtle.forward(side_length)
12      turtle.right(side_angle)
13  turtle.done()
```

图 4.35　实训二任务 3 的源代码

② 源代码解析：本任务的代码是在实训二任务 2 的代码的基础上进行修改的，具体如下。

- 代码行 4：该行是新增代码，将变量 side_num 赋值为 35，表示我们所要绘制的是三十五角星。

- 代码行 6：该行是修改代码，用变量 side_num 替换数字 35，并计算出对应的转角度数。

- 代码行 9：该行是新增代码，这里设置画笔绘制速度为 'fastest'，是最快的意思。

- 代码行 10：该行是修改代码，用变量 side_num 替换数字 35，表示 for 循环中的重复次数。

实训二任务 3 的程序运行后的结果如图 4.36 所示（彩色效果见彩图 6）。

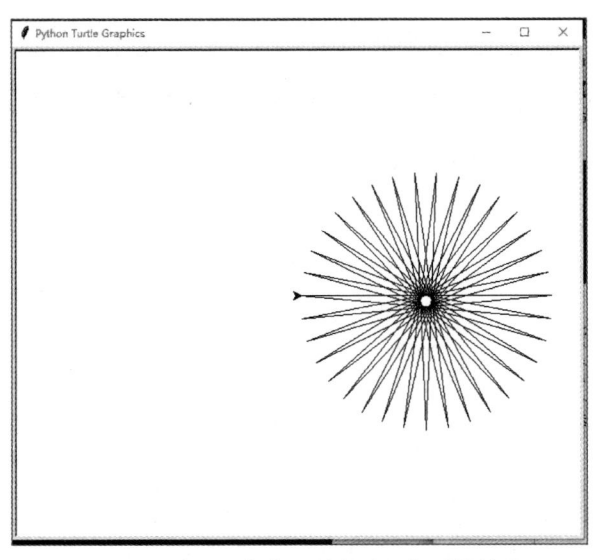

图 4.36　实训二任务 3 的程序运行后的结果

实训三　绘制多彩多角星

姓名：_____　学号：_____　时间：_____

系（部）：_____　专业：_____　班级：_____

之前绘制的都是单色的多角星，现在要绘制有 3 种颜色（红、绿、蓝交替出现）的多角星，如图 4.37 所示（彩色效果见彩图 7）。

图 4.37　三色多角星

那么，问题来了，如何实现边线的颜色变化呢？

我们发现，边线的变化是有规律的，即红、绿、蓝 3 种颜色交替出现，而这种规律可以通过判断实现，即判断哪些边的颜色是蓝色、哪些是绿色、哪些是红色。也就是说，不同的颜色与每条边的对应关系可以通过语句来实现。由于涉及 3 种颜色，因此这里需要用到 if-elif-else 结构。

① 请尝试完成该拓展实训。

序号	关键程序代码或修改后的代码
1.	
2.	
3.	
4.	
5.	

6.

7.

......

② 该实训的源代码如图 4.38 所示。

```
1   #任务3: 绘制三色三十五角星
2   import turtle
3
4   side_num=35
5   side_length=300
6   side_angle=180-180/side_num
7   turtle.speed('fastest')
8   for side in range(side_num):
9       if side % 3 == 0:
10          side_color='red'
11      elif side % 3 == 1:
12          side_color='green'
13      else:
14          side_color='blue'
15      turtle.color(side_color)
16      turtle.forward(side_length)
17      turtle.right(side_angle)
18  turtle.done()
```

图 4.38　实训三的源代码

课后提升

案例一 游戏中的人工智能

姓名：_____ 学号：_____ 时间：_____

系（部）：_____ 专业：_____ 班级：_____

如今，Python 已经成为一种主流的编程语言。它易于读写，非常实用，因此被无数程序员热烈追捧。它的魅力之处：在数据科学和人工智能中占主导地位；拥有优质的文档和丰富的库，对广泛编程任务很有用；设计效果非常好，快速、坚固、可移植；开源，而且拥有一个健康、活跃、支持度高的社区；扩展性非常好，拥有游戏开发的库。随着时代的发展，市场需求越来越大，Python 的应用也越来越广泛。

1997 年，IBM 公司的计算机程序"深蓝"在一次国际象棋比赛中击败了卡斯帕罗夫。自此，人工智能在游戏领域的应用得到了长足的发展。而在当今世界，以人工智能为基础的游戏比以往任何时候的游戏都更加复杂、有趣，给用户带来了从未有过的体验。人工智能工具使游戏变得更加真实和生动，然而，这仅是人工智能在游戏中小小的开始。

那么，人工智能到底可以给游戏带来什么呢？

① 人工智能可以帮助人们在更短的时间内创建出游戏。首先，人工智能可以降低开发人员在构建不同级别和工艺环境时需要花费的时间成本。其次，它甚至可以从零开始，创建出一个完整的游戏，简单来说，就是能够在更加复杂的环境中创造出更大、更好的游戏。

② 人工智能能够使游戏规则产生更多变化，让每个玩家都拥有不同的体验。例如，经典游戏 PUBG（绝地求生）根据玩家的不同需求，定制专门的控件，给不同的玩家提供不同的装备。虽然这只是一个开始，但是在未来，游戏甚至可以学习每个玩家的喜好，并为不同的玩家提供个性化的服务。当然，这可能需要好几年的时间。但我们始终相信，总有一天，我们会在电子游戏中获得一个自学的角色，这个

角色可以像人类一样能够学习、成长和改变。

③ 通过研究玩家行为，人工智能还可以推动手机游戏的发展。人工智能可以帮助设计师分析玩家如何进行游戏互动。游戏能够给人们提供与他人持续接触的共享体验。在未来，人工智能可以根据存储的数据改变游戏本身的玩法。例如，一个玩家可能会因为他/她被困在一个特定的关卡而感到沮丧。那么，这时人工智能就可以给出提示，帮助玩家，从而不会影响玩家对关卡的满意度。也就是说，玩家不需要选择简单的、普通的或困难的游戏关卡。人工智能会根据玩家在游戏中的玩法进行开发，提高玩家的满意度。

其实从一开始人工智能就一直是游戏世界的重要组成部分，并发展得非常快。随着手机游戏的普及，人工智能手机游戏革命的到来指日可待。

结合上面案例，思考 Python 作为人工智能领域中使用最广泛的编程语言之一，在游戏制作中扮演了何种角色。

案例二　虚拟试衣间中的人工智能

姓名：＿＿＿＿＿＿＿＿＿　学号：＿＿＿＿＿＿＿＿＿　时间：＿＿＿＿＿＿＿＿＿

系（部）：＿＿＿＿＿＿＿＿　专业：＿＿＿＿＿＿＿＿＿　班级：＿＿＿＿＿＿＿＿＿

随着科技的进步，人们的生活方式发生了巨大的改变，尤其在人们的衣着方面。远古时代，人们只会用草木和动物皮毛包裹身躯；后来人类学会了制作衣物，但受限于科技手段，制作衣物十分麻烦，普通老百姓只能穿粗布麻衣，只有贵族才能穿丝绸制成的衣物；进入工业化时代，各种制衣厂、纺织厂遍地开花，人们再也不愁没有衣物穿，并且可选择的衣物类型丰富多样。丰富的选择和人们对审美、质量的高追求，使人们开始挑剔穿着的款式，甚至有许多人出现了选择困难症。

但幸运的是，我们走入了大数据时代。在这个时代，人工智能和增强现实技术的飞速发展，加上数字化的科技手段衍生出许多"虚拟试衣间"，不仅帮助顾客摆脱了"衣着选择困难症"，甚至将试衣服变成了一场愉快的"装扮"游戏。同时，对于商家来说，这样不仅可以降低商品的退货率，而且可以在一定程度上提高商品的销量。

2019 年，中国科学技术馆就展示了一款"5G+AR"试衣镜，用户只需进行手势操作便可实现 AR 场景下的虚拟"试衣"。AR 试衣镜通过红外深度摄像头识别人体姿态，进行 3D 建模，还原真实人体形态，并通过 5G 连接云端的服饰模型数据库，使我们站在试衣镜前就可以快速试穿各种最新服饰。

"虚拟试衣间"因其巨大的应用潜力引起了人们的关注。然而，现有的方法在将服装和姿势贴合到用户身上时，很难保留服装纹理和用户面部特征（面孔、毛发）中的细节。其中，Python 多阶段合成框架，可以很好地保留图像显著区域的丰富细节，实现虚拟换衣系统的各种功能。

网购服装无法像实体店那样可以让顾客试穿，从而限制了顾客对服装整体效果的感知，而"虚拟试衣间"的出现打破了这一限制。顾客可以由人体模型穿选定服装的图像来比较和选择，最后选出自己喜欢的衣服。

结合上述案例，请思考 Python 在"虚拟试衣间"中起到的作用。

课后练习

习　题

一、单选题

1. Python 语言属于（　　　）。

A. 机器语言　　　　　　　　　B. 汇编语言

C. 高级计算机语言　　　　　　D. 科学计算语言

2. 5%2 的结果是（　　　）。

A. 0　　　　　　　　　　　　B. 1

C. 2　　　　　　　　　　　　D. 3

3. if 语句解决的核心问题是（　　　）。

A. 顺序　　　　　　　　　　　B. 判断

C. 重复　　　　　　　　　　　D. 执行

4. 给整型变量 x、y、z 赋初值，下面正确的 Python 赋值语句是（　　　）。

A. xyz = 10　　　　　　　　　B. x = 10, y = 10, z = 10

C. x = y= z = 10　　　　　　　D. x = 10 y = 10 z = 10

5. 假设 a=9，b=2，那么下列运算中，错误的是（　　　）。

A. a+b 的值是 11　　　　　　B. a//b 的值是 4

C. a%b 的值是 1　　　　　　 D. a**b 的值是 18

6. 下列程序的运行结果是（　　　）。

```
x = y =10
x, y, z = 6, x+1, x+2
print(x, y, z)
```

A. 10　10　6　　　　　　　　B. 6　10　10

C. 6　7　8　　　　　　　　　D. 6　11　12

二、填空题

1．浮点型只能以＿＿＿＿＿＿形式书写。

2．Python 有 4 种数据类型：＿＿＿＿＿、＿＿＿＿＿、＿＿＿＿＿、＿＿＿＿＿。

3．and 是逻辑运算符，只有两个操作都为＿＿＿＿＿，结果才为真。

4．注释通常以＿＿＿＿＿开始直到行尾结束。

5．Python 的整数书写支持 4 种数制：＿＿＿＿＿、＿＿＿＿＿、＿＿＿＿＿、＿＿＿＿＿。

三、编程题

1．编写一个从 1 加到 end 的循环，变量 end 的值由键盘输入。假如输入 end 的值为 6，则代码输出的结果应该是 21，也就是 1+2+3+4+5+6 的结果。（不要用 sum 作为变量，因为它是内置函数）

2．输入一个整数，判断该数字能否被 2 和 3 同时整除、能否被 2 整除、能否被 3 整除，请输出相应信息。

人工智能之机器学习

随着大数据和人工智能时代的到来，机器学习的算法和思想已经渗透到信息处理领域的方方面面。本项目从机器学习简介、机器学习的类型、机器学习算法、机器学习算法的应用 4 个方面，指导学生掌握机器学习的基本概念、分类，并熟悉应用场景。

项目要求 <<<<

● **知识目标**

掌握机器学习的基本概念、分类及应用场景，从课程内容实现知识迁移，为将来运用机器学习相关理论解决实际问题奠定基础。

● **技能目标**

了解机器学习的流程及相关算法，熟悉机器学习解决问题的途径。

● **素质教育目标**

课堂关注科技前沿，案例引用紧跟社会热点，注重培养学生动手能力及创新意识；引导学生自行运行、分析代码，端正学生积极思考、严谨创新的科学态度，并培养学生解决实际问题的能力。

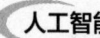

思维导图

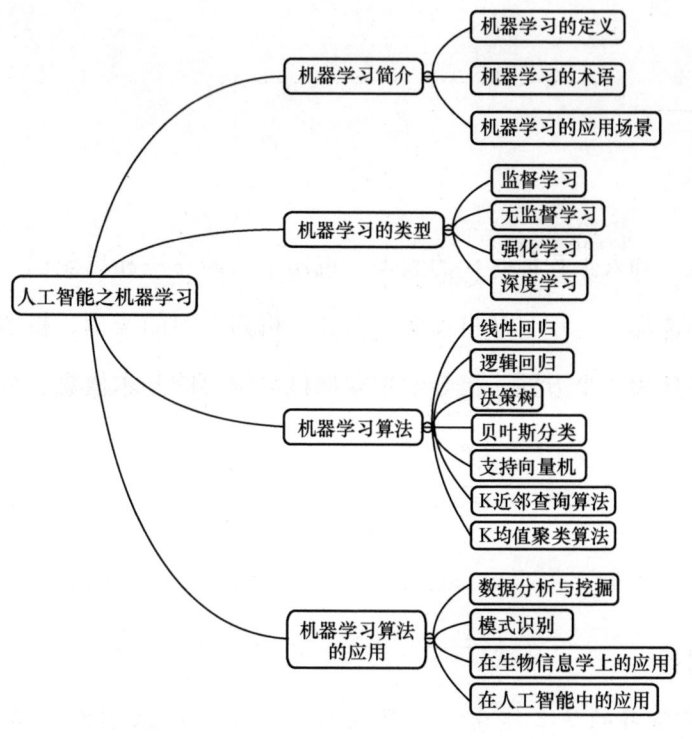

机器学习简介
├─ 机器学习的定义
├─ 机器学习的术语
└─ 机器学习的应用场景

机器学习的类型
├─ 监督学习
├─ 无监督学习
├─ 强化学习
└─ 深度学习

人工智能之机器学习

机器学习算法
├─ 线性回归
├─ 逻辑回归
├─ 决策树
├─ 贝叶斯分类
├─ 支持向量机
├─ K近邻查询算法
└─ K均值聚类算法

机器学习算法的应用
├─ 数据分析与挖掘
├─ 模式识别
├─ 在生物信息学上的应用
└─ 在人工智能中的应用

● **知识衔接**

在日常生活中，人们往往通过已有的经验对类似的新事物进行有效判断。例如，看到天上的云低而厚，便知道快下雨了；在夏季买西瓜时，一般都会用手轻轻拍打西瓜，如果发出沉重的"嘭嘭"声便可判断是熟瓜。显然，这些经验是人们在生活中逐渐学习、积累得来的，那么计算机能根据以往的经验对新情况进行判断吗？计算机进行的判断准确吗？机器学习正是专门研究计算机怎样模拟或实现人类学习行为，以获取新的知识或技能，重新组织已有的知识结构并不断完善计算机性能的一门学科。

● **准备素材**

学生按五六人为一组，进行人工智能机器学习知识的头脑风暴，说出自己是如何理解人工智能机器学习的，并列举身边的人工智能应用是如何通过机器学习工作的，小组讨论并模拟简单机器学习的过程，最后使用 PPT 展示讨论结果。

● **案例展示**

学生分组准备素材。每个小组自行挑选本项目的一部分内容进行模拟授课讲解，要求制作 PPT，根据不同的讲解内容搜索相关素材，将学习内容尽量以通俗易懂、活泼生动的方式呈现。本项目可以提升学生学习过程中的体验性、实践性和整体性，帮助学生更好地理解内容，激发学生自主探索的兴趣。

任务 5.1 机器学习简介

机器学习是人工智能的一个分支领域，是使计算机智能化的重要途径。

5.1.1 机器学习的定义

机器学习是一门涉及多领域的交叉学科，涵盖了计算机科学、概率论、统计学等多门学科的知识。在计算机系统中，"经验"通常是以"数据"的形式存在的。机器学习正是研究如何通过计算的手段及经验来改善系统自身性能的一门学科。

例如某些人每天都会收到大量的邮件，如何区分一封新邮件是不是垃圾邮件，需要计算机从经验中学习，即以过去获取的大量邮件为实例数据，继而从实例数据中习得垃圾邮件的模型，以此作为依据来判断新邮件是不是垃圾邮件。

所以机器学习的过程是将经验以数据的形式提供给计算机，计算机从已有数据中习得规律，产生相应的模型，再利用模型对未知数据进行预测。简而言之，机器学习是从数据中训练模型，然后使用模型实现预测的过程。机器学习示意如图 5.1 所示。

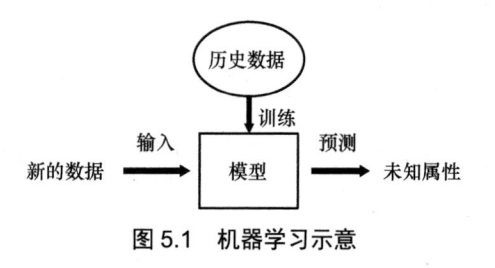

图 5.1 机器学习示意

5.1.2 机器学习的术语

机器学习处理的对象是数据。数据集是一组具有相似结构的数据样本的集合。其中的每条记录是对某个对象的描述，称为一个样本。反映对象某方面的表现称为属性或特征。从数据中习得模型的过程，称为"学习"或"训练"。训练过程使用的样本称为"训练样本"，训练样本组成的集合称为"训练集"。习得模型后，使用模型进行预测的过程，称为"测试"，被预测的样本称为"测试样本"，测试样本组成的集合称为"测试集"，可使用测试集进行模型评估。为了训练模型还需要样本的"结果信息"，称为"标签"。

机器学习首先要有数据集，数据集可以由开发者或研究者收集，也可以使用开放的数据集，如鸢尾花数据集、波士顿房价数据集、手写数字数据集等。数据集除了提供数据，通常还需要对数据进行标注。这里以鸢尾花数据集为例进行简单介绍。鸢尾花数据集有 3 种类别共 150 个样本数据。每个样本数据包含 4 个特征属性：花萼的长度、花萼的宽度、花瓣的长度和花瓣的宽度。用 0、1、2 分别标注山鸢尾、变色鸢尾和弗吉尼亚鸢尾，如图 5.2 所示。

山鸢尾　　　　　　变色鸢尾　　　　弗吉尼亚鸢尾

图 5.2　鸢尾花数据集的 3 种类型

鸢尾花数据集中的部分数据如表 5.1 所示。

表 5.1　鸢尾花数据集中的部分数据

花萼长度/cm	花萼宽度/cm	花瓣长度/cm	花瓣宽度/cm	类别标注
6.4	2.8	5.6	2.2	2
5	2.3	3.3	1	1

花萼长度/cm	花萼宽度/cm	花瓣长度/cm	花瓣宽度/cm	类别标注
4.9	3.1	1.5	0.1	0
5.7	3.8	1.7	0.3	0
6.9	3.1	5.1	2.3	2
6.7	3.1	4.4	1.4	1

注：0——山鸢尾；1——变色鸢尾；2——弗吉尼亚鸢尾。

5.1.3 机器学习的应用场景

机器学习与数据挖掘、计算机视觉、语音识别、自然语言处理、统计学习等领域有很深的联系。了解相关领域有助于我们厘清机器学习的应用场景与研究范围，更好地理解机器学习的算法与应用。

1. 数据挖掘

"数据挖掘=机器学习+数据库"。数据挖掘一般指通过算法搜索隐藏于大量数据中的信息的过程。数据挖掘通常与计算机科学有关，并通过统计、在线分析处理、情报检索、机器学习、专家系统（依靠过去的经验法则）和模式识别等方法实现。例如从数据中挖出"金子"，以及将废弃的数据转化为有价值的信息。数据挖掘仅仅是一种思考方式，它告诉我们应该尝试从数据中挖掘知识，但不是所有数据都能挖掘出"金子"，拥有数据挖掘思维的人员才是关键。大部分数据挖掘中的算法是机器学习算法在数据库中的优化。

2. 计算机视觉

"计算机视觉=图像处理+机器学习"。图像处理技术用于将图像处理为适合进入机器学习模型的输入数据，机器学习则负责从图像中识别相关的模式。计算机视觉相关的应用非常多，如百度识图、手写字符识别、车牌识别等应用。计算机视觉应用前景广阔，是人工智能研究的热门方向。深度学习的发展大大促进了计算机图像识别的效果，未来计算机视觉的发展前景不可估量。

3．语音识别

"语音识别=语音处理+机器学习"。语音识别就是语音处理技术与机器学习的结合。语音识别技术一般不会单独使用，会结合自然语言处理的相关技术。语音识别的相关应用有苹果的语音助手 Siri 等。

4．自然语言处理

"自然语言处理=文本处理+机器学习"。自然语言处理是让机器理解人类语言的一门技术。自然语言处理使用了大量与编译原理相关的技术，如词法分析、语法分析等；在理解层面，则使用了语义理解、机器学习等技术。自然语言处理一直是机器学习不断研究的方向，如何利用机器学习技术进行自然语言的深度理解，一直是学术界关注的焦点。

5．统计学习

统计学习近似于机器学习。统计学习是与机器学习高度重叠的学科。因为机器学习中的大多数方法来自统计学，甚至可以认为，统计学的发展促进了机器学习的繁荣。例如，著名的支持向量机就源自统计学。但是在某种程度上统计学习和机器学习是有区别的：统计学习重点关注的是统计模型的发展与优化，偏数学；而机器学习关注的是解决问题，偏实践。因此机器学习研究者会重点研究学习算法在计算机上执行效率与准确率的提升。

由此可以看出机器学习在众多领域有着外延和应用。机器学习技术的发展促使了很多智能领域的进步，改善了我们的生活。

任务 5.2　机器学习的类型

机器学习研究的主要是如何从数据中产生模型的算法，即机器学习算法。按学习方式的不同，机器学习可以分为监督学习、无监督学习、强化学习、深度学习等。

监督学习和无监督学习很好区分：是否有监督，就看输入数据是否有标签。输入数据有标签，则为监督学习；输入数据无标签，则为无监督学习。半监督学习是介于监督学习和无监督学习的类别，使用的是"有标签+无标签"的混合数据。

5.2.1　监督学习

监督学习通过训练样本学习得到模型，然后用这个模型进行推理。如图 5.3 所示，我们如果要识别某种动物的图像，则需要进行人工标注，即标明每张图像所属的类别，利用猫的样本进行训练，得到一个模型。接下来，就可以用这个模型对未知类型的动物进行判断，这称为预测。

图 5.3　监督学习

在监督学习中，典型的问题是分类和回归。如果只是预测一个类别值，则称为分类问题；如果要预测具体数值，则称为回归问题，如根据一个人的学历、工作年限、所在城市、行业等特征来预测这个人的收入。典型的算法有 K 近邻查询算法和支持向量机。

5.2.2　无监督学习

无监督学习是指输入的数据没有标签，其学习目标不是告诉计算机怎么做，而是让计算机自己去学习怎么做。

在无监督学习中，典型的问题是聚类和降维。聚类，是根据数据的相似度将数据划分为多类的过程。评估样本相似度常用的方法是计算样本之间的距离，而计算距离的方法的不同会直接影响聚类的结果。降维，是在保证数据具有代表性特征或分布的情况下，将高维数据转化为低维数据的过程。

5.2.3　强化学习

强化学习是在没有任何标签的情况下，先尝试通过一些行为得到一个结果，再通过这个结果是对还是错的反馈，调整之前的行为，就这样不断调整。算法能够学习到在什么情况下选择什么行为可以得到最好的结果。

例如，有一只小狗，当它不听话、乱咬东西时，主人会生气、大声训斥，而每次狗狗表现温顺时，主人就会微笑、摸小狗头，奖励食物，那么小狗慢慢就学会听主人的指令，按主人的指令行动。

5.2.4　深度学习

深度学习是机器学习领域中一个新的研究方向，被引入机器学习，使机器学习更接近最初的目标——人工智能。

深度学习是学习样本数据的内在规律和表示层次，学习过程中获得的信息对文字、图像和声音等数据的解释有很大的帮助。深度学习的最终目标是让机器能够像人一样具有分析能力，能够识别文字、图像和声音等数据。深度学习是一个复杂的机器学习算法，在语音和图像识别方面取得的效果远远超过以前的相关技术。人工智能、机器学习、深度学习的关系如图5.4所示。

深度学习在搜索技术、数据挖掘、机器学习、机器翻译、自然语言处理、多媒体学习、个性化推荐等领域取得了很多成果。深度学习能使机器模仿视听和思考等人类活动，解决很多复杂的模式识别难题，使人工智能相关技术取得了很大进步。

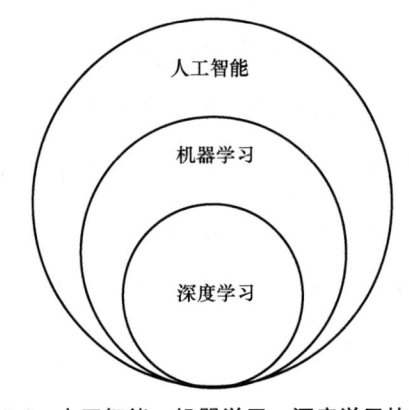

图 5.4　人工智能、机器学习、深度学习的关系

任务 5.3　**机器学习算法**

机器学习的基本方法是，使用算法来解析数据并从中学习，然后对真实世界中的事件作出决策和预测。与传统的为解决特定任务、硬编码的程序不同，机器学习用大量的数据来"训练"，通过各种算法从数据中学习如何完成任务。

机器学习传统的算法包括线性回归、逻辑回归、决策树、贝叶斯分类、支持向量机、K 近邻查询算法、K 均值聚类算法。

5.3.1　线性回归

机器学习中监督学习的算法分为分类和回归两种，其根据类别标签分布类型为离散型还是连续型而定义。回归算法用于连续型分布预测，针对的是数值型的样本。使用回归算法可以在给定输入时预测一个数值，是对分类算法的提升，因为这样可以预测连续型数据，而不仅仅是针对离散的类别标签。

回归分析只包括一个自变量和一个因变量，且二者的关系可以用一条直线近似表示，则称为一元线性回归分析。如果回归分析包括两个或两个以上自变量，且因变量和自变量之间是线性关系，则称为多元线性回归分析。

【例5-1】 利用线性回归预测房价，如图 5.5 所示。

假设房价只有面积一个影响因素，将房屋面积及对应房价等相关数据存储为 CSV 格式，如图 5.5（a）所示；使用 pandas 读取 CSV 文件，导入 sklearn 中的线性模型并预测房价，如图 5.5（b）所示；使用 Matplotlib 绘制已知数据散点图及预测直线，具体代码实现如图 5.5（c）所示；最后通过一条直线就可以把房价与房屋面积的关系描述出来，如图 5.5（d）所示。

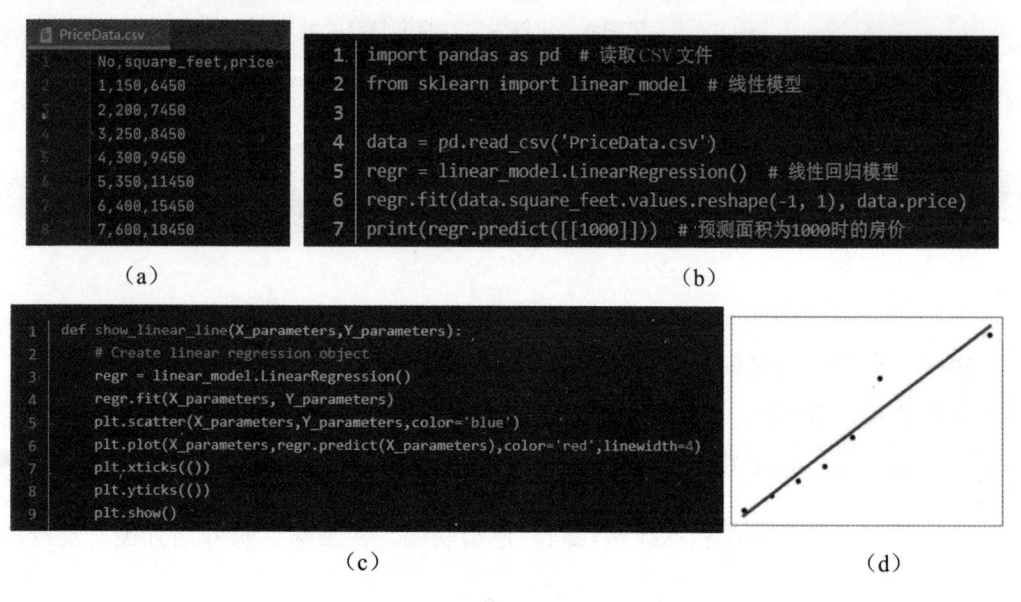

图 5.5 利用线性回归预测房价

5.3.2 逻辑回归

前面讲述的回归模型处理的都是数值型区间变量，建立的模型体现的是因变量的期望与自变量之间的线性关系。而采用回归模型分析实际问题时，研究的变量往往不全是区间变量，还有顺序变量或属性变量，如二项分布问题。

【例5-2】 利用逻辑回归预测发生特定疾病的风险。

通过分析年龄、性别、体重指数、平均血压、疾病指数等指标，判断一个人是否患糖尿病。$y=0$ 表示未患病，$y=1$ 表示患病，响应变量（因变量）是两点（0–1）分布变量，因此不能用函数连续的值来预测因变量 y（y 只能取 0 或 1）。

总之，线性回归模型通常用于处理因变量是连续变量的问题，如果因变量是定性变量，线性回归模型就不再适用了，需采用逻辑回归模型。

逻辑回归常用于处理因变量为分类变量的回归问题（常见的回归问题是二分类或二项分布问题），也可以用于处理多分类问题。逻辑回归实际上是一种分类方法。

二分类问题的概率与自变量之间的关系图形往往是一个 S 形曲线，可采用 Sigmoid 函数解决二分类问题。Sigmoid 函数的曲线如图 5.6 所示。

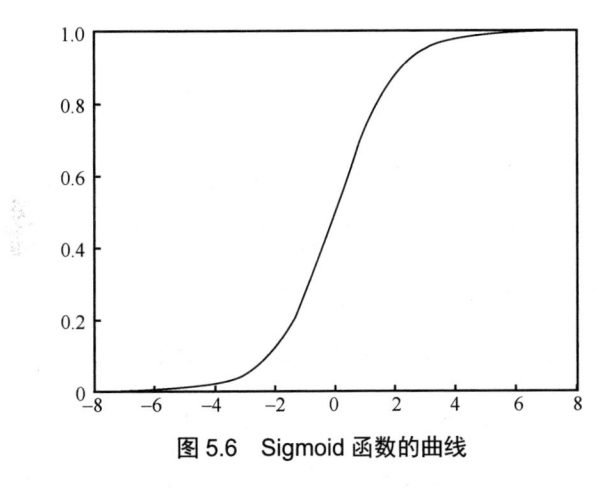

图 5.6 Sigmoid 函数的曲线

5.3.3 决策树

决策树具有树形结构。决策树算法是一种借助树的分支结构实现分类的方法，属于监督学习。在决策树中，根节点包含样本全集；每个非叶节点表示一种对样本的分割，通常对应一个划分属性，用于将样本分散到不同的子节点中；每个叶节点对应决策的结果。从根节点到每个叶节点的路径对应一个判定序列。因此，决策树是一个预测模型，代表的是对象属性与对象值之间的一种映射关系。

【例 5-3】 利用决策树评估贷款客户的还贷能力。

图 5.7 所示为一个决策树，用于预测贷款用户是否具有偿还贷款的能力，其中贷款用户包括是否有房产、是否结婚和月收入 3 个属性。每个非叶节点表示一个属性条件的判断，每个分支代表一个判断输出，每个叶节点代表一种类别（即表示贷款用户是否具有偿还能力）。

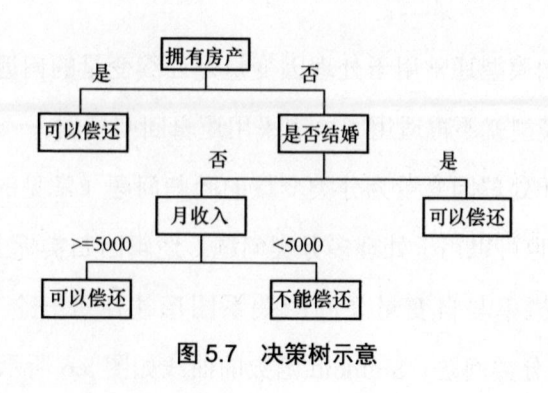

图 5.7　决策树示意

5.3.4　贝叶斯分类

贝叶斯分类是一类分类算法的总称，这类算法均以贝叶斯定理为基础。而朴素贝叶斯分类是贝叶斯分类中最简单，也是最常见的一种分类算法。

朴素贝叶斯定理：当你不能准确知悉一个事物的本质时，你可以依靠与事物本质相关的事件出现的次数判断其本质属性的概率。如图 5.8 所示，记事件 A 发生的概率为 P(A)，事件 B 发生的概率为 P(B)，那么在 B 事件发生的前提下，A 事件发生的概率即条件概率，记为 P(A|B)。朴素贝叶斯中的"朴素"，指假设特征变量之间是相互独立的，也就意味着两个事件同时发生的概率等于两个事件分别发生的概率的乘积，即 P(AB)=P(A)P(B)。

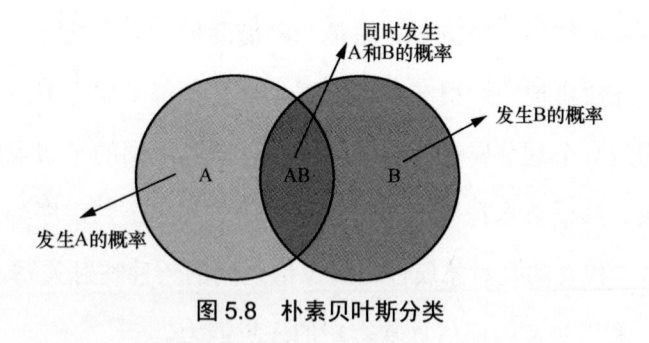

图 5.8　朴素贝叶斯分类

【例 5-4】　利用朴素贝叶斯分类识别垃圾邮件。

要识别一封邮件是不是垃圾邮件，可以随机挑选出 100 封垃圾邮件，分析它们的特征。我们发现"便宜"这个词出现的频率很高，在 100 封垃圾邮件中，有 40 封出现了这个词。那我们可以以这个认知为依据得出结论：如果出现了"便宜"一词，那这封邮件有 40% 的概率是垃圾邮件。

我们找到若干个这样的特征，然后用这些特征进行组合后，便可以对某些邮件进行判断。如果它是垃圾邮件的概率超过了我们设定的阈值，我们就自动把这些邮件过滤掉，防止用户受到打扰。这就是大部分垃圾邮件过滤的原理。

5.3.5　支持向量机

我们先来了解什么是线性可分。在二维空间上，两类样本被一条直线完全分开叫作线性可分，如图 5.9 左侧所示。从二维空间扩展到多维空间，将两类样本完全正确地划分开，直线就成了一个超平面，如图 5.9 右侧所示。以最大间隔把两类样本分开的超平面，也称为最大间隔超平面。

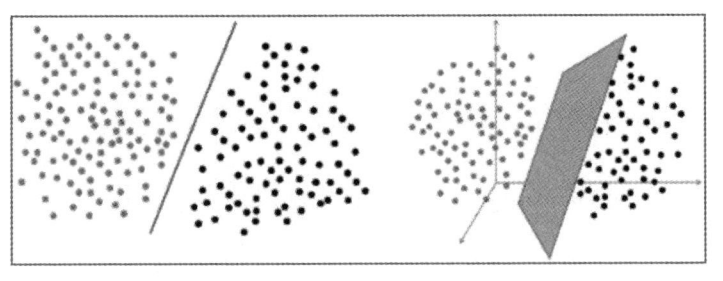

图 5.9　线性可分

两类样本分别在该超平面的两侧，样本中距离超平面最近的点，叫作支持向量，如图 5.10 所示。支持向量到超平面的距离为 d，其他点到超平面的距离大于 d。

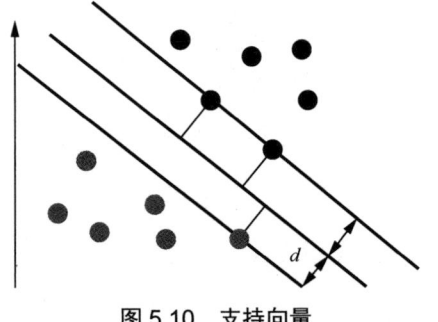

图 5.10　支持向量

在以上讨论中，我们假设训练样本是线性可分的，即存在一个超平面能将训练样本正确分类。然而在现实任务中，原始样本空间也许并不存在一个能正确划分两个样本的超平面。

当样本在原始空间线性不可分时，我们可将样本从原始空间映射到一个更高维的特征空间中，使样本在这个特征空间内线性可分。如图 5.11 所示，将二维空间映射为一个合适的三维空间，就能找到一个合适的超平面。同时，如果原始空间是有限维的（即属性数量有限），那么一定存在一个高维特征空间使样本可分。

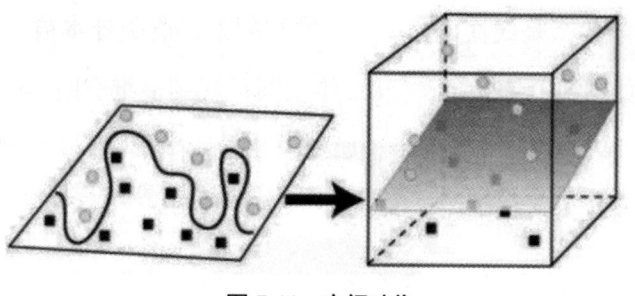

图 5.11　空间映像

支持向量机是一种二分类算法，通过构建超平面函数来进行样本分类。它与传统方法的思维方式不同：利用核函数把样本特征映射到高维空间，通过提高维度简化问题，从而使问题归结为线性可分的经典问题。支持向量机常应用于垃圾邮件识别、人脸识别等。

5.3.6　K 近邻查询算法

最初的分类是将所有的训练数据对应的类别都记录下来，测试对象和某个训练对象完全匹配时，便可对测试对象进行分类。但现实中不可能所有测试对象都能找到与之完全匹配的训练对象，而且如果一个测试对象同时与多个训练对象匹配，会导致一个训练对象同时被分为多个类。以上问题可以使用 K 近邻查询算法解决。下面我们介绍 K 近邻查询算法，希望大家加深对该算法的认知。

K 近邻查询算法是机器学习中最简单的算法之一，其思路是，在特征空间中，如果一个样本的 k 个最相似（特征空间中最邻近）的样本中的大多数属于某一个类别，则该样本也属于这个类别，其中 k 通常是不大于 20 的整数。

【例5-5】　利用K近邻查询算法分类。

样本有红色和蓝色两个颜色的类别，现有新的未知分类的数据——绿色圆，如图 5.12 所示（彩色效果见彩图 8），那么这个数据属于哪个类别，是红色还是蓝色？

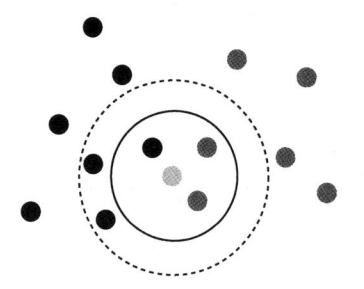

图 5.12　利用 K 近邻查询算法分类

用 K 近邻查询算法如何解决？

假设 $k=3$，K 近邻查询算法会判断与绿色圆最近的样本中 3 个点的类别，如果是 2 个红色、1 个蓝色，则绿色圆属于蓝色的概率为 1/3，属于红色的概率为 2/3，所以绿色圆的类别应属于红色。

假设 $k=5$，K 近邻查询算法会判断与绿色圆最近的样本中 5 个点的类别，如果是 2 个红色、3 个蓝色，则绿色圆属于蓝色的概率为 3/5，属于红色的概率为 2/5，所以绿色圆的类别应属于蓝色。通过此案例可以看出，K 近邻查询算法的结果与 k 的取值密切相关。

接下来对 K 近邻查询算法的原理进行总结。

① 计算测试数据与各个训练数据之间的距离。

② 按照距离的递增关系进行排序。

③ 选取距离最近的 k 个点。

④ 确定前 k 个点所在类别出现的概率。

⑤ 将前 k 个点中出现概率最高的类别作为测试数据的预测分类。

5.3.7　K 均值聚类算法

K 均值聚类算法是数据挖掘的一个重要算法，是用于研究（样品或指标）分类问题的一种统计分析方法。俗话说"物以类聚，人以群分"，在自然科学和社会科学中，存在大量的分类问题。所谓类，就是指相似元素的集合。简单地说，聚类就是把相似的东西分到一组，聚类时并不关心某一类是什么，需要实现的目标只是把相似的东西聚到一起。因此，一个聚类算法通常只需要知道如何计算相似度，并不需要使用训练数据进行学习。

【例 5-6】 利用聚类算法识别声音。

假设有很多语音片段，这些语音片段分别属于甲、乙、丙，但仅凭人耳无法分辨出哪些语音片段属于甲，哪些语音片段属于乙。此时可以通过 $n{:}n$ 聚类的算法，进行声纹的相似度检测，将属于同一个人的语音片段不断归类。最后属于甲的语音片段全部被归为一类，属于乙的语音片段全部被归为一类，以此类推，如图 5.13 所示（彩色效果见彩图 9）。类内语音的相似度极高，类间语音的相似度较低，达到了识别声音的目的。

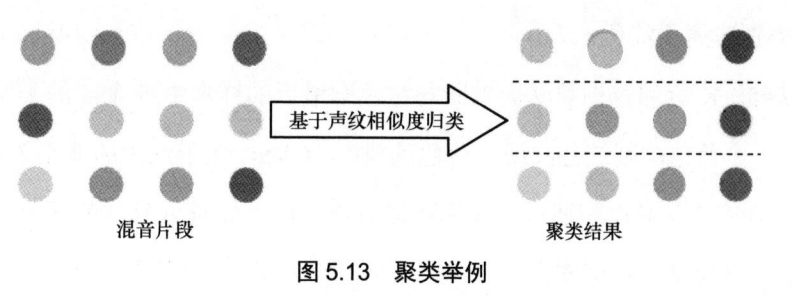

混音片段　　　　　　　　　　　　聚类结果

基于声纹相似度归类

图 5.13　聚类举例

聚类，既可以作为一个单独的过程，用于寻找数据内在的分布结构，也可以作为其他机器学习任务的预处理模块。例如在营销学中，对客户进行分类，为每组客户指定一套营销策略，就是采用聚类完成的。再例如在生物学上，聚类能用于对植物和动物进行分类，还能对基因进行分类，以认识种群中的固有结构。

K 均值聚类算法是一种简单的迭代型聚类算法，将距离作为相似性指标，从而发现给定数据集中的 k 个类，且每个类的中心是根据类中所有值的均值得到的，每个类用质心来描述。

【例 5-7】 K 均值聚类算法的应用，如图 5.14 所示（彩色效果见彩图 10）。

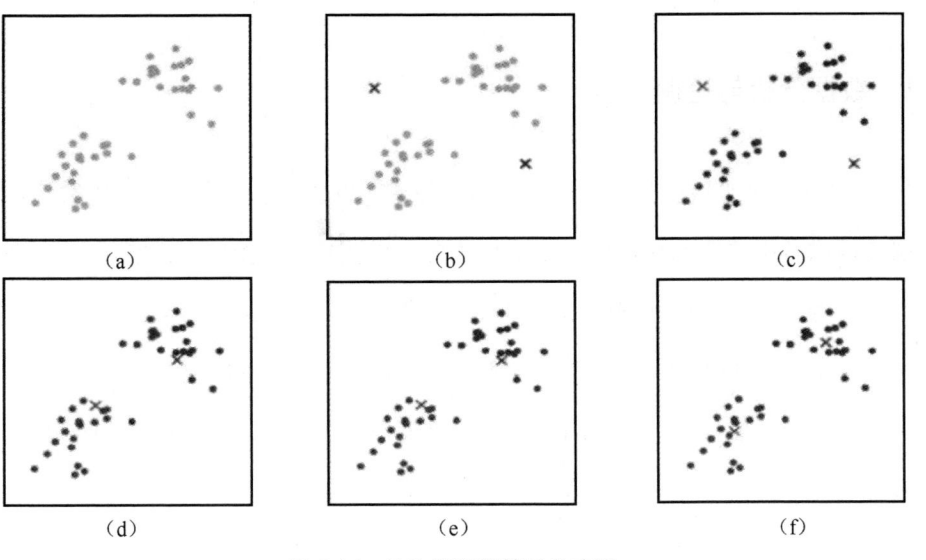

图 5.14　K 均值聚类算法的应用

图 5.14（a）所示为初始的数据集，设 $k=2$。在图 5.14（b）中，随机选择两个 k 类对应的类别质心，即图中的红色质心和蓝色质心，随后分别求样本中所有点到这两个质心的距离，并标记每个样本的类别，以及与该样本距离最近的质心的类别，如图 5.14（c）所示。计算样本与红色质心和蓝色质心的距离，得到所有样本点第一轮迭代后的类别。此时，我们对当前标记为红色和蓝色的点分别求新的质心，如图 5.14（d）所示，新的红色质心和蓝色质心的位置发生了变动。图 5.14（e）和图 5.14（f）重复了图 5.14（c）和图 5.14（d）所示的过程，即将所有点的类别标记为距离最近的质心的类别并求新的质心。最终我们得到两个类别。

在实际 K 均值聚类算法的应用中，一般多次进行图 5.14（c）和图 5.14（d）所示的过程，才能得到最终较优的类别。

任务 5.4　机器学习算法的应用

机器学习算法的应用广泛，其中主要包括以下几个方面。

5.4.1　数据分析与挖掘

"数据挖掘"和"数据分析"通常被相提并论，数据挖掘是从大量数据中寻找规律，将数据转换成有用的信息和知识。无论是数据分析还是数据挖掘，都能帮助人们收集、分析数据，使之成为信息并据此作出判断，因此可以将两者合称为数据分析与挖掘。

数据分析与挖掘技术是机器学习算法和数据存取技术的结合，可利用机器学习提供的统计分析、知识发现等手段分析海量数据，同时利用数据存取机制实现数据的高效读写。机器学习在数据分析与挖掘领域中拥有无可取代的地位。

5.4.2　模式识别

模式识别起源于工程领域，而机器学习起源于计算机科学，这两个不同学科的结合带来了模式识别领域的调整和发展。模式识别的研究主要集中在以下两个方面。

① 研究生物体（包括人）是如何感知对象的，属于认知科学的范畴。

② 在给定的任务下，如何用计算机实现模式识别，是机器学习的长项，也是机器学习研究的内容之一。

模式识别的应用领域广泛，其中包括计算机视觉、医学图像分析、光学字符识别、自然语言处理、语音识别、手写识别、生物特征识别、文件分类、搜索引擎等。这些领域也正是机器学习大展身手的舞台，因此模式识别与机器学习的关系越来越密切。

5.4.3　在生物信息学上的应用

随着基因组和其他测序项目的不断发展，生物信息学研究的重点正逐步从积累数据转移到如何解释这些数据。在未来，生物信息学的新发现将极大地依赖于我们在多个维度和不同尺度下对多样化的数据进行组合、关联的能力。序列数据将集成结构和功能数据、基因表达数据、生化反应通路数据和临床数据等。如此大量的数据，在生物信息的存储、获取、处理、浏览及可视化等方面，都对理论算法和软件提出了迫切的需求。另外，基因组数据的复杂性也对理论算法和软件提出了迫切的需求。而机器学习算法，例如神经网络、遗传算法、决策树和支持向量机等正适合处理这种数据量大、含有噪声并且缺乏统一理论的问题。

5.4.4　在人工智能中的应用

人工智能无处不在，机器学习是人工智能的核心，是使计算机具有智能的根本途径。下面分享 3 个由机器学习驱动的日常应用。

1．虚拟助手

生活中的虚拟助手有很多，像苹果智能语音助手 Siri、小米智能音箱小爱同学等。虚拟助手支持语音交互，例如，用户对小爱同学音箱说"小爱同学"，就可以唤醒音箱并与其进行语音交流，也可以完成多种预设功能，如询问天气怎么样、设置闹钟、播放音乐等，还可以语音控制电视、扫地机器人等智能家居设备。

2．交通预测

在生活中，我们想去一个地方，经常使用定位系统导航服务，它会显示正确的路径并预测交通状况，例如道路是否畅通。使用导航时，我们当前的位置和速度被保存在中央服务器上进行流量管理。然后定位系统使用这些数据构建当前流量的映射，道路上的摄像头、传感器等信息收集设备也可以为交通预测提供坚实的数据基础。随着机器学习的流行，K 近邻查询算法和支持向量机等常见且功能强大的机器学习方法得以在交通流量预测领域应用，能够对更加复杂的数据进行建模，并且取得相当不错的效果。

3．过滤垃圾邮件和恶意软件

电子邮件客户端使用了许多垃圾邮件过滤方法。为了确保这些垃圾邮件过滤器不断更新，电子邮件客户端使用了机器学习技术。各大网络安全中心每天可检测到上万款恶意软件，每个代码与之前的版本有 90%～98%的相似度。由机器学习驱动的系统安全程序理解编码模式，因此各网络安全中心可以轻松检测到恶意软件中 2%～10%变异的新恶意软件，并提供针对用户数据的保护。

课中实训

实训一　绘制算法流程图

姓名：＿＿＿＿＿＿＿＿＿　学号：＿＿＿＿＿＿＿＿＿　时间：＿＿＿＿＿＿＿＿

系（部）：＿＿＿＿＿＿＿　专业：＿＿＿＿＿＿＿　班级：＿＿＿＿＿＿＿

请绘制 K 均值聚类算法的流程图。

1. 流程图基本知识

流程图的图形符号，如图 5.15 所示。

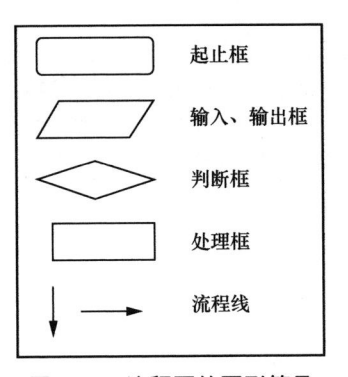

图 5.15 流程图的图形符号

3 种基本逻辑结构，如图 5.16 所示。

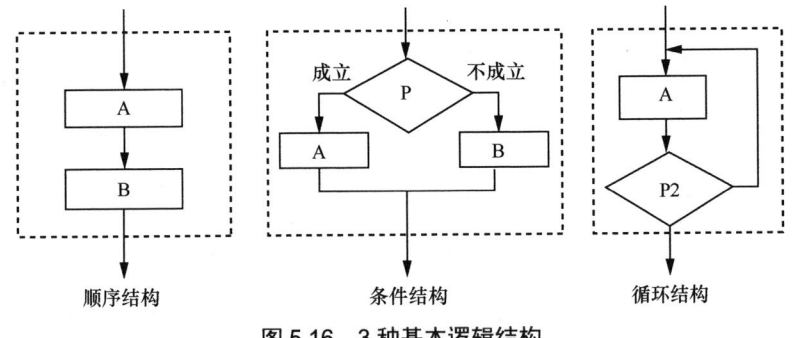

图 5.16 3 种基本逻辑结构

2. 绘制 K 均值聚类算法流程图的方法

K 均值聚类算法是一个反复迭代的过程，算法可分为以下 4 个步骤。

① 选取数据空间中的 k 个对象作为初始中心，每个对象代表一个聚类中心。

② 对于样本中的数据对象，根据它们与这些聚类中心的欧几里得距离，按距离最近的准则将它们分到距离它们最近的聚类中心（最相似）对应的类。

③ 更新聚类中心：将每个类别中所有对象的均值作为该类别的聚类中心，计算目标函数的值。

④ 判断聚类中心和目标函数的值是否发生改变，若不变则输出结果，若改变则返回第②步。

实训二　浅析人工智能、机器学习、深度学习之间的关系

姓名：＿＿＿＿＿＿＿＿　学号：＿＿＿＿＿＿＿＿　时间：＿＿＿＿＿＿＿＿

系（部）：＿＿＿＿＿＿　专业：＿＿＿＿＿＿＿　班级：＿＿＿＿＿＿＿

根据图 5.4 所示的人工智能、机器学习、深度学习的关系，分析三者之间的关系并说明理由。

_____

_____

_____

_____

_____

_____

_____

_____

_____

_____

_____

_____

_____

_____

_____

_____

_____

_____

_____

_____

课后提升

案例一　探索机器学习的过程

姓名：_____　学号：_____　时间：_____

系（部）：_____　专业：_____　班级：_____

人们在成长过程中积累了很多经验，通过对这些经验进行"归纳"，掌握了一些生活"规律"。人们遇到新的问题时，就会使用这些"规律"指导自己的生活和工作。而机器学习研究的是计算机怎样模拟和实现人类的学习行为，从而获取知识、技能。

请根据图 5.17 所示的人类的学习过程，探索机器学习的过程。

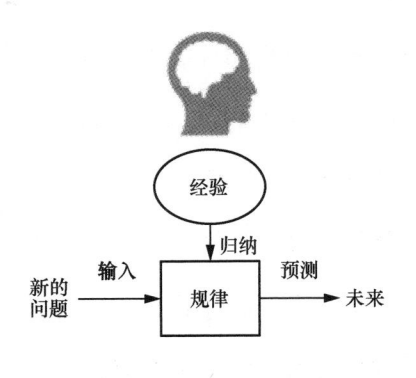

图 5.17　人类学习的过程

_____

_____

_____

_____

_____

_____

_____

_____

案例二　生鲜的分类

姓名：_____ 学号：_____ 时间：_____

系（部）：_____ 专业：_____ 班级：_____

朴素贝叶斯分类是基于贝叶斯定理与特征条件独立假设的分类方法。对给定的训练数据集，首先基于特征条件独立假设学习输入/输出的联合概率分布，得到相关模型；然后基于此模型，对给定的输入 x，利用贝叶斯定理求出后验概率最大的输出 y，y 即对应的类别。

朴素贝叶斯算法的计算过程如下。

① 计算先验概率：求出样本类别的个数 k。对于每一个样本 Y，计算 Y 为类别 C_k 在总样本集中的概率 $P(Y)$。

② 计算各个条件概率：将样本集划分成 K 个子样本集，分别对属于 C_k 的子样本集进行计算，计算其中特征 X_j=ajl 的概率：$P(X_j$=ajl$|Y=C_k)$。该概率为该子集中特征取值为 ajl 的样本数与该子集样本数的比值。

③ 使用朴素贝叶斯方程计算每个类别 C_k 的后验概率。

$$P(Y=C_k|X=x^{test})=P(Y=C_k)\prod_{j=1}^{n}P(X_j=x_j^{test}|Y=C_k)$$

④ 得出结论，具有最大后验概率的类是预测的结果。

训练数据集见表 5.2，测试数据集见表 5.3。

表 5.2　训练数据集

生鲜	特征		类别
	颜色	形状	
橙子	红色	圆形	水果
火龙果	红色	椭圆	水果
杧果	黄色	椭圆	水果
樱桃	红色	圆形	水果
土豆	黄色	椭圆	蔬菜
西红柿	红色	圆形	蔬菜
南瓜	黄色	圆形	蔬菜

表 5.3　测试数据集

生鲜	特征		类别
	颜色	形状	
柠檬	黄色	椭圆	?

请依据朴素贝叶斯分类、训练数据集及测试数据特征推算出柠檬的类别。

① 计算先验概率：P(水果)、P(蔬菜)。

② 计算条件概率：P(黄色|水果)、P(椭圆|水果)、P(黄色|蔬菜)、P(椭圆|蔬菜)。

③ 计算后验概率：P(水果|柠檬)、P(蔬菜|柠檬)。

④ 比较 P(水果|柠檬)、P(蔬菜|柠檬)的数值，从而得出结论，预测柠檬的类别。

课后练习

习 题

一、填空题

1. 机器学习处理的对象是_____。

2. 机器学习首先要有_____，可以自己收集，也可以使用已经开放的数据集。

3. _____是一组具有相似结构的数据样本的集合。

4. _____一般是指通过算法搜索隐藏于大量数据中的信息的过程。

5. 小区车库入口的车牌识别应用运用了机器学习中的_____。类似的应用还有百度识图、手写字符识别等。

6. 机器学习按学习方式的不同可以分为_____、_____、_____和_____等。

7. _____通过训练样本学习得到模型，然后用这个模型进行推理。

8. _____是学习样本数据的内在规律和表示层次，学习过程中获得的信息。

9. 决策树具有树形结构。决策树算法是一种借助树的分支结构实现分类的方法，属于_____学习。

10. 决策树是一个预测模型，代表的是_____与_____之间的一种映射关系。

二、简答题

1. 什么是机器学习？

_____

_____

_____

_____

_____

_____

2. 机器学习有几种类型？

_____

_____

_____

_____

_____

_____

3. 机器学习的算法有哪些？

_____

_____

_____

_____

_____

_____

_____

4. 模式识别研究主要集中在哪几个方面？

_____

_____

_____

_____

_____

_____

5. 人工智能在日常生活中的应用有哪些？请举例（至少 3 个）。

_____

_____

_____

_____

_____

_____

参考文献

[1] 金晶，姜宇，李丹丹，等. 基于冰壶机器人的人工智能实验教学设计与实践[J]. 实验技术与管理，2020，37（4）：210-212，230. DOI：10.16791/j.cnki.sjg.2020.04.046.

[2] 古天龙. 人工智能伦理及其课程教学[J]. 中国大学教学，2022（11）：35-40.

[3] 许洪玮，杨晓君，原玲. 基于校企融合的人工智能人才培养模式探索[J]. 科技风，2022（33）：25-27.DOI：10.19392/j.cnki.1671-7341.202233009.

[4] 全力，张笑钦，陈志勇. 高校人工智能的通识教育：价值意蕴、核心要义与实现路径[J]. 公关世界，2022（24）：148-149.

[5] 寇军，张震堂，陈虹莉，等. "人工智能+智学"模式推动人机协同教学场域分析与框架建构[J]. 陕西教育（高教），2022（12）：38-40. DOI：10.16773/j.cnki.1002-2058.2022.12.002.

[6] 李文娟，张媛. "人工智能+X"复合型人才培养模式探索与实践——以重庆移通学院为例[J]. 互联网周刊，2023（4）：61-63.

[7] 尹志锋，曹爱家，郭家宝，等. 基于专利数据的人工智能就业效应研究——来自中关村企业的微观证据[J]. 中国工业经济，2023（5）：137-154. DOI：10.19581/j.cnki.ciejournal.2023.05.008.

[8] 胡蓓. 南洋理工大学人工智能人才培养特征研究[J]. 产业创新研究，2023（3）：193-195.

[9] 施盛威. 新工科环境下人工智能专业人才培养策略研究[J]. 电子元器件与信息技术，2023，7（1）：133-136. DOI：10.19772/j.cnki.2096-4455.2023.1.031.

[10] 张洪昌，丁睿. 我国制造业产业链供应链韧性的理论内涵与提升路径——基于中国式现代化的背景[J/OL]. 企业经济，2023（7）：102-108[2023-07-28]. DOI：10.13529/

j.cnki.enterprise.economy.2023.07.010.

[11] 金枝，肖尧，黄敏，等. "人工智能编程语言"课程思政设计与实践[J]. 电气电子教学学报，2023，45（2）：96-99.

[12] 涂频. "智慧教育+课程思政"的混合式教学设计研究[J]. 教育现代化，2019，6（A4）：213-215. DOI：10.16541/j.cnki.2095-8420.2019.104.077.

[13] 张瑞杰，魏福山，郭渊博，等. 人工智能与算法课程思政设计与实践[J]. 计算机教育，2023（6）：64-66，71. DOI：10.16512/j.cnki.jsjjy.2023.06.003.

[14] 秦晓华. 课程思政背景下推进思政课混合式教学模式改革[J]. 江西电力职业技术学院学报，2022，35（2）：47-49.

[15] 焦玮. 互联网背景下高校思政课程在线教学质量提升研究[J]. 山西经济管理干部学院学报，2022，30（3）：55-58，72.

[16] 张德增. 高职院校人工智能英语课程思政教学实践探索[J]. 校园英语，2021（25）：76-77.

[17] 冯欣，张杰，石美凤，等. 人工智能专业的课程思政建设[J]. 计算机教育，2022（11）：43-46. DOI：10.16512/j.cnki.jsjjy.2022.11.006.

[18] 卢静. 论线上线下混合式教学模式在高校思政教学中的应用[J]. 电脑与信息技术，2022，30（6）：102-105. DOI：10.19414/j.cnki.1005-1228.2022.06.025.

[19] 尚元东，卢培杰，吉思潼，等. 课程思政背景下在线学习满意度现状及反思[J]. 牡丹江师范学院学报（社会科学版），2022（6）：91-93. DOI：10.13815/j.cnki.jmtc(pss).2022.06.011.

[20] 李健，胡兆凌. 基于混合式教学的思政"金课"建设机理探析[J]. 传播与版权，2023（1）：110-112. DOI:10.16852/j.cnki.45-1390/g2.2023.01.029.

[21] 许洪玮，杨晓君，原玲. 基于校企融合的人工智能人才培养模式探索[J]. 科技风，2022（33）：25-27. DOI：10.19392/j.cnki.1671-7341.202233009.

[22] 全力，张笑钦，陈志勇. 高校人工智能的通识教育：价值意蕴、核心要义与实现路径[J]. 公关世界，2022（24）：148-149.

[23] 广西第四届广西大学生人工智能设计大赛举办[J]. 新媒体研究，2022，8（24）：9.

[24] 胡蓓. 南洋理工大学人工智能人才培养特征研究[J]. 产业创新研究，2023（3）：193-195.

[25] 东北财经大学数据科学与人工智能学院[J]. 东北财经大学学报，2023（2）：98.

[26] 陈璐，许莉钧. 应用型本科高校人工智能设计人才"艺工结合"的路径研究[J]. 美术教育研究，2023（6）：150-153.